U0128081

老子

遇見

LAO-TZU
&
UFO

王銘玉◎著

目 錄

出版紀念序 _____

馬芬妹・2015

　　本書是作者王銘玉 [*] 繼前書《老子大一生水出土啟示—自然與磁現象的探索》，在 2009 年進行編印之際，又急急伏案殫精竭慮再度敲打出來的書稿，內容同樣與古代的老子道學思想高度相關。2012 年，春雨霏霏之時，作者數度表示已接近完成了，並且高興地告知他的新書名為「老子遇見幽浮」，真是語出驚人。但是很遺憾的是，初稿完成後，還來不及進行任何討論編輯事宜，突發急病，倏然長逝。

　　身為作者的伴侶，老實說，我無法了解作者王銘玉的諸多奇特想法。但是人各有異，所見所思必然不同，作者並不困擾既定承襲的窠臼，我也不必在乎撰文論述所為何來，或是推理周延與否。

　　作者基本上具有窮究固執的本性，某些時候行事獨特又極度堅持，經常大膽假設胡亂推測，樂在天馬行空的自我見解。我常笑看他是山海經傳說的同族異類，姑且聽一聽就好，不必過於認真看待。唯作者想像力豐富，直觀主觀強烈表達在文體中，必然充滿粗糙武斷思維或誇張的聳言臆想，只能表示尊重個人的抒發胸臆的書寫興趣，且讓作者盡情浮沉於這種囈言絮語謎題式寫作新風格吧！

　　雖然心中一直惦記原稿，但是因忙於他事拖延至今忽忽過了三年，其實最困難的是原稿內容如岩石般粗硬，數度欲細覽，往往幾頁就罷手，無法閱讀，也無法擲回給已飄然離世的作者，要求自行分章編校，連討教商議的機會都沒有了。有時候忍不住嘆氣，這份原稿是銘玉有意留給我的大作業，不知何時才能瞧出端倪，一時真不敢期望到底要如何編印出版。

直至 2014 年底，幸經花蓮文學家王威智先生應允協助主編，讓本人安心不少，唯原稿內容玄之又玄，作者旁徵博引，奧妙繽紛，充滿自由聯想，閱讀編修甚為費力。文編方面確實費了許多功夫，校之再校，仍無法放心，想必還有許多錯誤疑處，只好請讀者諒察。此外，由於原存圖片無法辨識，只好依據內文上網蒐尋相關圖片，因此本書圖片係引用各網頁資料，並註明出處，感謝分享增色。「老子遇見幽浮」幾經困難折騰終於成書，今正式出版，總算可以上稟告慰作者。

　　作者王銘玉本職為醫師，師承台灣公共衛生前輩柯源卿教授，受到感召，關懷醫療設施欠缺的烏腳病患弱勢族群。1985 年，王醫師先至省立嘉義醫院擔任外科主治醫師，跟隨當時的陳活源院長投入烏腳病患的臨床醫療，主動巡迴問診烏腳病患。之後兼任烏腳病防治中心主任，並多方深入調查研究。前後二十餘年，在台灣西南沿海偏鄉地區—嘉義縣的布袋、義竹及台南縣北門、學甲，從事臨床看診、巡迴醫療與防治研究工作。（按，烏腳病防治中心已改建為署立新營醫院北門分院）

　　柯教授是台灣早期流行病與職業病的重要學者，王醫師非常尊崇柯源卿教授，柯教授亦對弟子王醫師有特別感情與期待，柯教授的著作《醫的倫理》與《公共衛生統計學》的兩份鋼筆手稿，曾先寄給王醫師過目。柯教授退休後仍經常風塵僕僕遠從台北南下，師生一起下鄉至烏腳病流行地區巡迴訪查，並經常給予諸多鼓勵與指導諮詢，讓王醫師感懷深刻，不敢鬆懈。多年來赴任駐診，親力親為，仔細調查病患症狀，建立了兩千多筆病患的基本資料，顯微鏡觀察病理切片，親手繪製八掌溪流域患者分布地圖，態度執著，滿腔急切。

　　王醫師性格堅強獨立，耿直剛毅，但內心熱情，豁達樂觀，喜歡朋友，經常與公衛界、醫界友好切磋研究病理與臨床醫療課題，對於研究工作極為投入。期間，數次至美國參加流行病學的研究會議，發表數篇有關烏腳病末梢血管病症的研究論文。總之，王醫師以特立獨行的思維與方式，對台灣西南沿海特有的風土病—烏腳病患的診治醫療與防治研究，完成了階段性的工作。

　　很遺憾的是，王醫師於退休前數年，因疏忽照顧身體，導致腦出血中風入院，使得原本執著的研究工作就此停頓。幸而經過半年努力復建之後，重回新營醫院的北門分院，繼續擔任烏腳病的特別門診至退休。

　　2007 年夏，王醫師返回家鄉花蓮定居後，方與家人有充分的相處時間，人親土親，逐漸拾回安定的家庭生活。這幾年來，是王醫師最快樂自在的時光，東海岸的特殊地理風貌，高聳的中央山脈群峰綿延，一望無際的蔚藍大海，迤邐的花東縱谷，是他放鬆身心觀察自然景象的最佳環境。

　　銘玉喜歡雜學，思考獨樹一幟，雖然身體逐漸康復，但是行動受限，轉而研讀原本即有濃厚興趣的磁學，並延伸探索中國古老道玄之學、天文星座學等。網際網路搜尋原本是他的最愛，互聯網讓他像八足章魚般攀附古今，爬索中外，上查天文，下尋地理，盡情翻查。

　　在他的電腦書房有三張特大電腦桌，總是堆疊層層書籍和電腦零件，桌上一直有三個外殼敞開的主機，三個顯示器，十數個舊硬碟像磚塊，以及數個以上的小筆電等。偶而北上入書肆，購各類書籍託運回花蓮，上了搖搖欲墜的書架，堆擠在桌邊，也放了不少在桌腳椅下。近年來在電腦書房的伏案廝磨，愈加埋頭起勁的光景，看起來作息如常，行動也一目了然，其實很難揣測那股衣帶漸寬終不悔，死心踏地執著的心情。

　　銘玉在耳順之年，突然研讀起中國古籍、推敲思辯，探索自然磁學的現象，屢次抒發心得創見。經常表示：慶幸在退休之後才得以真正放慢腳步，才能重新認識中國傳統科技文化，尤其佩服古代先賢先哲對天文地理透徹觀察的智慧。他特別推崇中國思想家老子的道學，也迅速成為老子的新粉絲，彷彿是老子的得意弟子。終於在邁入古稀之前，自我勉力單手電腦打字，緩緩吐出完成「老子大一生水出土啟示—自然與磁現象的探索」書稿。

　　2010 年夏，銘玉發起柯源卿教授逝世十週年紀念活動，邀集台大公衛校友十餘名，齊聚 921 大地震重災區的南投縣中寮鄉，在一處多元休閒農業生態民宿聯誼。一方面追懷柯教授生前事蹟，另一方面將「老子大一生水出土啟示」的試讀本分享好友。銘玉一再表示，非常感恩過去的工作同仁、研究伙伴、家人以及親友們長期以來的包容、支持與關照。該書已於 2011 年底正式出版。

　　2012 年 5 月中，銘玉告知第二本書初稿已接近完成，存在隨身碟中，並催促我早日進行編輯。像以前一樣，他不時提到老子或邵雍，但談起了外星人與幽浮，殞石坑或納茲卡線，又認為莎士比亞文學的原作者是法蘭西斯培根等。似乎書寫有關老子的讀書心得，是銘玉退休後的最大心願與任務，隨著這兩本書稿出版，相信對他而言已無遺憾。

　　人生際遇很奇妙，有幸與銘玉結緣相伴，時間並非短暫，我們都愛好閱讀，重視各自喜愛的工作，珍惜與家人相處的時間。因互相扶持參與對方的部分人生，一起看過許多美麗風景，一起渡過一段無法取代的人生旅程，見證了彼此的生命消長，由此也留下許多獨特美好的回憶。

　　先哲曾言生命像大海的浪花，無數浪花一波一波被海潮衝到沙灘，化成白泡沫，消融成水，退至大海，成為一個水分子，再度與其他水混合成為另一朵浪花。我們體會，我們領悟，我們感恩，我們思念，抬頭望向天際，隱約看到遠去的親人頤首微笑。

＊作者王銘玉醫師是花蓮人，台北醫學院醫科畢業，台大醫學院公共衛生研究所碩士及美國州立華盛頓大學（西雅圖）職業病研究所碩士。王醫師曾表示在醫學院就讀時期，深受三位師長的啟發與影響，其中影響最深的是台大醫學院公共衛生研究所柯源卿教授。最後是柯教授將他帶引進入台灣西南沿海地區風土病的現場，以研究及診治烏腳病為半生職志。

壹 /
老子與
UFO

壹 / 老子與 UFO

一. 老子遇見 UFO

《道德經》5 章：

　　天地不仁，以萬物為芻狗。聖人不仁，以百姓為芻狗。天地之間，其猶橐籥乎，虛而不屈。動而愈出。多言數窮，不如守中。

解讀

　　天地真是麻木不仁，居然把萬物當作草紮的祭祀用的芻狗一樣隨意擺布。作官兒的人也麻木不仁，他們居然可以把老百姓當作草紮的祭祀用的芻狗一般也任意處置。

　　從這一章看得出老子的驚奇，因為素來莊重的他居然說出天地與作官兒的聖人都麻木不仁的話來。

　　筆者認為這章是講老子遇見飛碟的經過，在 14 章他把瞧見飛碟時的情境形容為「視之不見名曰夷」。

　　2007 年在中國江西省上饒縣露天煤礦，發現疑似飛碟造型的物體，叫做飛碟石，另外近年有數起 UFO 事件在中國發生。推敲本章語句，如果追究老子一反慣常的說話語氣，由是使得「天地之間，其猶橐籥乎，虛而不屈。動而愈出」是描寫遇見「鼓風的麻袋及鼓風的竹筒」，可猜想他遇到的是 UFO—飛碟。

　　芻靈的意思是古代殯葬時以茅草紮的人形及動物，又叫芻狗。芻靈代表萬物有靈，因為老子的時代只有萬物有靈以及傳統敬祖的習俗，他並沒有迷思。

二.老子被 UFO 挑選

《道德經》42 章：

　　道生一，一生二。二生三，三生萬物。萬物負陰而抱陽，沖氣以為和。人之所惡，唯孤寡不穀，而王公以為稱。故物或損之而益，或益之而損。人之所教，我亦教之。強梁者不得其死，吾將以為教父。

解讀

　　「大一」迴漩所以叫做一，流出水磁就是二。北極光應該是大一的水磁，它是若隱若現的，反映出無形，有看得到的，但也有看不到的。事實上我們看到的北極光是看得到的部分，那麼是不是應該和看不到的北極光共同追溯到「大一」？所以北極光生出的天地就變成三，北極光生出萬物有靈在天地裡運作。萬物有靈再加上迴漩的水磁互相激盪起來，就可以使萬物具備陰陽的性質。如果「水磁」沖了起來，可能使物體浮起來，也可能使得「器」與「用」的「用」發生作用，因而達到《道德經》11 章所舉的完美的例子，而在這些例子裡能產生協調。庶民所害怕的是稱孤道寡的人，但不能種植農作物餵飽肚皮的人，只有王公貴人才會如此作。所以說萬物之母損失了要增益，增益了要減損，才能達到協調。至於人的秩序，我也能夠安排教導，強橫的人不能得到適當的死法，因為沒有協調，我倒是能夠教導他協調呢。

《道德經》45 章：

　　大成若缺，其用不弊；大盈若沖，其用不窮。大直若屈，大巧若拙，大辯若訥。躁勝寒，靜勝熱，清靜為天下正。

解讀

　　我遇見的「鼓風的麻袋及鼓風的竹筒」停在那兒好像很大，功「用」卻不小。如果加足了能量飛起來衪的功「用」卻能任意飛行。以此觀之行事正直的君子外表看起來像委屈的樣子，作事靈巧的人表面上看起來像很笨拙的樣子，能言善辯的人看起來像不會講話的樣子。夏天天氣乾躁勝過冬天的寒冷，夏天假使能安靜就會勝過溽熱。能守清靜就能正面治理天下了。

　　老子為什麼會被UFO裡的靈挑選來會面？筆者從2011年3月11日發生在日本東北的地震海嘯和日本西南櫻島的火山爆發觀察UFO的反應，得到UFO裡的靈與老子的想法有共通之處，所以找老子會面。

　　佛教的釋迦牟尼是喜瑪拉雅山小國的王子，在摩羯座附近的NGC7293超新星可能是他在離開王宮出家以前看到的。他所創立的佛教主講的六根（眼、耳、鼻、舌、身、意）及六境（色、聲、香、味、觸、法），可說是老子的「夷」、「希」、「微」、「無味」、「無欲」、「莫知」。但是佛教又衍生出所謂的八識，逐漸偏向唯心論，這就與老子講的「水」的性與質—「心物合一」的緩衝有所不同。因此為了提升同為靈的人類能力，UFO裡的靈有必要期待老子從「不言之教」—也就是「無為」做起。

　　假如老子工作的東周王朝宮殿，設置了預防刺客闖入的磁石門是確有其事的話，則更早一、兩百年前，喜瑪拉雅山南麓的釋迦牟尼王子住的宮殿，可能也設有磁石門，因為兩地的距離就整個地球來講並不遠。

　　釋迦牟尼是一國的王子，老子是東周王室的官員，他們又都是影響人類深遠的人物，可說他們的條件相當，UFO裡的靈為什麼選了老子來溝通而不是釋迦牟尼呢？由這一層面來考慮，老子的「不言之教」—「無為」比較接近UFO而不是佛教的八識。從這裡也可以進一步推想，到底是磁石門導致他們兩人分別產生八識與「無為」呢？還是磁石門能讓老子產生「無為」思想，而UFO裡的靈預知磁石門的功能，所以作了一個安排與老子會面？

究竟是老子先被磁石門影響才有「無為」思想，之後 UFO 裡的靈才找上他？還是 UFO 裡的靈先找他，因為老子受了磁石門的影響，所以因緣際會而產生「無為」思想。釋迦牟尼是否因為 UFO 裡的靈沒找他，所以走向唯心論的八識？這樣說來可能是老子觀察到「道沖」一緩衝，引起 UFO 裡的靈找他的興趣，因為祂們也對緩衝有研究，可說是與老子志同道合。

根據現代中國媒體報導，被從天而降的隕石影響的人具有特異功能，釋迦牟尼與老子因此比較容易與祂們溝通。但是 UFO 的靈選擇了老子，從而減少了雙方的隔閡。以 UFO 裡的靈能「適時」安排的能力，以及 UFO 的群體影像能同時消失，好像玻璃上的影像消失一樣，筆者還是贊成 UFO 與老子曾有相遇的說法。

老子騎牛圖 宋，晁補之 1053 年－ 1110 年，國立故宮博物院
catalog.digitalarchives.tw/item/00/03/fb/2a.html

三．老子遇過 UFO

《道德經》55 章：

　　含德之厚，比於赤子。蜂蠆虺蛇不螫，猛獸不據，攫鳥不搏，骨弱筋柔而握固。未知牝牡之合而全作，精之至也。終日號而不嗄。和之至也。知和曰常，知常曰明，益生曰祥。心使氣曰強。物壯則老，謂之不道，不道早已。

解讀

　　我看那「鼓風的麻袋及鼓風的竹筒」裡的靈都擁有好比赤子之心的「德」的容貌。不但蜜蜂、蜘蛛、蜥蜴和蛇不會螫我，猛獸也不會抓我，鷙鳥更不會害我。

　　祂們的筋骨柔弱但是手握起來卻很牢固。我不知道祂是公的還是母的，但是照樣能自由活動，精神也充沛。整天叫來叫去但是聲音並不像夜間壁虎的叫聲「嘎嘎嘎」，而是響亮粗糙的嘶啞聲。

　　這使得我感到溫暖，以至於我們的交往變得和平常一樣，越來越明朗。漸漸地每天都有祥瑞的徵兆，自然心裡就越來越放心。

　　但是日子久了總有一天會因隔閡、溝通困難而造成誤會，這不妨就叫做「不道」，「不道」是會早死的。

　　就像人類所認為，UFO 裡的生物是在天上飛行的。近年來在墨西哥發現的一種生物的幼兒，有點類似地球上長尾巴的寬眼眶猴子，我們人類似乎可把「祂」叫作靈。

　　中國南宋朱熹（1130~1200）在《齋居感興‧二十》把生物比喻為「動植」。狂牛病的致病因子 prion 僅是蛋白質而非核酸，有別於西方科學的理念，所以說朱熹對生物的比喻也無可厚非。

　　在這一章老子「希」到飛碟裡頭的靈的聲音，料想是「嘎嘎嘎」，但意外的不是「嘎嘎嘎」，而是別的「號」聲，可能是鼯蜥之靈所發出的聲音。

老子無法「希」到靈當時的表達，但是憑心電感應溝通沒有困難，何況是在飛碟裡頭呢！

《道德經》50 章：

出生入死。生之徒十有三，死之徒十有三。人之生，動之死地亦十有三。夫何故？以其生生之厚。蓋聞善攝生者，陸行不遇兕虎，入軍不被甲兵。兕無所投其角。虎無所措其爪，兵無所容其刃，夫何故？以其無死地。

解讀

自從作官兒的我遇見「鼓風的麻袋及鼓風的竹筒」後，對我們人類的想法是人生下來的時候，有兩眼、兩耳、兩鼻孔、一嘴、一小便口、一大便口和四肢，共十三個孔肢，不但死的時候也有十三個孔肢。在活著的時候也有十三個孔肢，為的是什麼呢？因為既然生下來就要善待自己不隨便傷害自己。知道作官兒的我遇到「鼓風的麻袋及鼓風的竹筒」這回事的人，就曉得「磁化」了以後走在陸地上不會遇上犀牛老虎，進入戰場也不必披上裝甲帶著兵器。因為老虎無法伸出牠的爪傷害我，兵器也不能插進我的身體，為什麼呢？因為這是人類被「磁化」的關係，這時是不會死的。

九竅是 2 眼、2 耳、1 鼻、1 舌、1 口、大小便出口，而四肢九竅的算法是 2 眼、2 耳、1 鼻孔、1 舌、1 口、1 小便口、1 大便口和 4 肢共 13 孔肢，母系應該還要加一個女性生殖器。因為老子以男性立場，所以得到的是 13 的數字。老子可能要突出飛碟外型像女性的生殖器官，故意在 50 章只算男性有 13 孔肢，忽略了女性還要加 1 孔才正確。

老子為什麼在 50 章要提出人類的身體構造呢？因為他「夷」到的飛碟很像雌性的生殖器，而中國不久前還發現古代母系氏族群體的殘跡，可能是在老子之前的 800 年。「道德經」及「大一生水」多處提到「母」字，所以在

這章要算人體的具體結構，以便凸顯出 UFO 裡的靈，雖然「磁化」的關係沒法「夷」清楚，但是人類如果採取和平共存的態度，是可以受到「磁化」的保護的，這時就可以「陸行不遇兜虎，入軍不被甲兵了。」

至於老子到底在 UFO 裡「夷」到什麼呢？除了前面 14 章的「迎之不見其首，隨之不見其後。」之外，他在 55 章「希」到了飛碟裡面的靈發出的聲音。

《道德經》56 章：

知者不言，言者不知。塞其兌，閉其門，挫其銳，解其分，和其光，同其塵，是謂元同。故不可得而親，不可得而疏，不可得而利，不可得而害，不可得而貴，不可得而賤。故為天下貴。

解讀

我遇見的「鼓風的麻袋及鼓風的竹筒」開了小門讓我走進去，關門後沒「夷」到尖銳的障礙物，我能從走道走進去，光線很柔和，使我有放心的感覺。從我拜訪「鼓風的麻袋及鼓風的竹筒」的經驗中，我開始知道「無欲」及「莫知」─也就是「無為」是「自然」的十字路口。既然要走過這個十字路口，就得出師有名。不論是「無為」還是「有為」作法都是相同的，只是名稱不同。「自然」既然非得「無為」不成，但是我沒辦法親近祂，也忍不下心疏遠祂，不能從祂那兒圖利，也沒辦法害祂，不能以祂為貴，更不可小看祂。所以說「無為」是天下最寶貴的。

從老子的《道德經》及《大一生水》裡，可以明顯地看出老子對於更早的母系氏族群體有懷古情結，這也許是他身處東周王室的時代的關係，但是和他同時代並曾見面的後輩孔子，就完全不做如此想法。

《道德經》52 章：

　　天下有始，以為天下母。即得其母，以知其子；既知其子，復守其母，沒身不殆。塞其兌，閉其門，終身不勤；開其兌，濟其事，終身不救。見小曰明。守柔曰強。用其光，復歸其明。無遺身殃，是為習常。

解讀

　　自從我遇見「鼓風的麻袋及鼓風的竹筒」後，才「莫知」形狀像女性生殖器的祂和裡面的靈是天下的母親。既然「莫知」了母親是這個樣子，而同樣是靈的人類文明比祂落伍，所以是祂的孩子。因之人類跟隨著這樣的母親，即使沒有了身軀也沒有危險。就像我走進「鼓風的麻袋及鼓風的竹筒」的門關閉後，不再有障礙物阻擋我似地，全部不必我動口動手就能自動完成，這也許是「磁化」的關係，我終生也就想著這事兒。假使要開口講話事情才辦得成，那就跟我們人類所做的沒有兩樣，那麼可說是無可救藥了。因為我有了這樣的奇遇，所以我「莫知」一點點的小亮點就能夠照明。即使是柔弱的光線也是強光。光的「用」是從照明這個「器」來的。我這樣子想並沒有遭殃，漸漸地也就習慣了。

　　老子在 52 章想起「而貴食母」的重要性，這當然與西方古埃及就有的伊底帕斯情結一致。從原始人類生殖的方式來講，這種情結本來就是自然的，但是自然的不一定是好的。至於為什麼老子遇到 UFO 就會有這種情結並不明朗，但是由「慈」這個字，我們將來或許可以找到一些端倪。另一個可能是老子遇到的 UFO 是飛碟，而飛碟的形狀像女性生殖器官，老子在《道德經》50、55 這兩章談到母性的功能，但並未提及女性生殖器官。

四.老子的寶貝

老子講的「無為」，也就是行「不言之教」，是從他遇見「鼓風的麻袋及鼓風的竹筒」這個「器」，以致於「用」而來的，這樣講法並不是全無根據。老子在西元前 520 年，東周王室發生政變以前，曾經和前來問「禮」的孔子見過面。可能老子曾講「道沖」給來客聽，可惜孔子只在「德」和「禮」打轉。可能事後老子心有掛慮，於是在「道德經」38 章留下對「德」和「禮」的評論。有了這樣的推測，進一步設想老子知道自己被王室預防刺客行凶所放置的磁石門影響，說不定 UFO 的靈認為老子是影響公眾的人物，並被磁石門影響，所以後來才找上他。由是老子才知道「無為」之有益，並編在「道德經」43 章。

那麼要追究老子的思想，就得追究老子到底看到了什麼？作為東周王室的柱下史是掌管天文曆法的。老子在西元前 532 年，發現 M57 超新星緩衝（不是近代所謂的爆發），而使老子有這種思想的磁石門，照理說這樣的磁石門應該在「東周王城」及「成周新城」的舊遺址找得到，如果能證實這兩座古城有磁石門，也許就能間接找到老子的思想由來。

我們知道「磁」這個字可解釋為性與質的「心物合一」，所以老子的「道沖」思想，也就是緩衝一「水」的性質，可說是他在東周王室工作的心得。

我們現在有了 M57 超新星、北極光、磁（包括磁石）、萬物有靈及人們的作為等物或無物之象，但是這些只是各別的項目，看來還缺少了連繫這些項目的介質。老子在《道德經》67 章的結尾無意間透露這個介質是「心物合一」的「磁」，而莊子所說的「物化」，也就是「磁化」是使物質賦予水的性質，「青藍光華」也是「磁化」後的一種。

《道德經》67 章：

　　天下皆謂我道大似不肖。夫唯大，故似不肖。若肖久矣，其細也夫。我有三寶，持而保之。一曰慈，二曰儉，三曰不敢為天下先。慈故能勇，儉故能廣，不敢為天下先，故能成器長。今舍慈且勇，舍儉且廣，舍後且先，死矣。夫慈以戰則勝，以守則固。天將救之，以慈衛之。

解讀

　　天下的人都懷疑我說的「道沖」似乎不小，事實上它算是大而且不小，如果說得不大講久了也就沒人重視了。我有一個秘密，我這位周王室柱下史是負責觀看星象的官員，但是我的觀察報告卻常被丟在一旁。我有三樣寶貝，我很珍惜它們。第一樣寶貝是磁，大家都叫它作慈愛的母親。第二樣寶貝是我篤行儉樸，第三樣寶貝是我在戰時寧願作我們這邊的人的後盾，也不敢搶先跑到我們這邊的人的前面。我有了磁所以能勇敢不懼，我篤行儉樸所以能廣為人稱讚，因為我不敢搶先跑到我們這邊的人的前面去送死反而留在後面，我才能遇見「鼓風的麻袋及鼓風的竹筒」這個「器」，長期地以「用」與祂周旋。如果我今天捨棄磁以及勇敢不懼，捨棄儉樸以及廣為人稱讚的優點，爭著跑到天下人的前面而不做人民的後盾，那就只有死路一條。磁的功能是應戰進攻就會得勝，防守陣地也不會被敵人攻克。如果天將救助快要吃敗戰的陣地的話，只要以磁來防衛就行了。

　　像這樣以一個假設回答另一個假設，在磁學（sciencem 或 science magnet）是很普遍的現象，因為磁是物或無物之象，和針對有形物質的科學想法或看法有所不同，自古以來占星就和老子的這種認知有關。

　　老子因為看到 M57 超新星緩衝現象，和他經過東周王室磁石門所受的影響，才整理出緩衝的觀念。再加上他遇到過「鼓風的麻袋及鼓風的竹筒」UFO，才知道人類的能力比起裡頭的靈實在相差太遠。經過他和 UFO 的接觸，他才曉得「夷」、「希」、「微」、「無欲」、「莫知」是與 UFO 裡的靈相處的方法，這點可從現代有關報告被 UFO 接近時，可使人行動不良得到證實。所以老子後來主張「無為」，也就是行「不言之教」。

　　除了老子在《道德經》5 章明講 UFO，以及在 55 章講他在 UFO 裡面的了解外，綜合 62、67、69 這三章所提到的「寶貝」，老子的寶貝是什麼？整理起來他有三類寶貝，而這些寶貝都是由「磁」這個介質連繫起來的「磁

化」作用。換句話說，在宇宙間布滿了「磁」，而宇宙間發生的「器」與「用」的「磁化」作用，只不過是像「蜻蜓點水」一般。

但是 UFO 的「磁化」不是我們人類一定看得到的，即使看得到也可能讓人類無法集中注意力，必須在無意間看，也就是「夷」到祂。好在現代有了數碼攝影，人類才能「適時」及「適地」看到祂。但是從數碼攝影看到不一定就能了解祂，除非做長期的觀察，如日本櫻島的火山及特殊事件和日本東北的海嘯同時發生。

以現有對 UFO 的知見，以及老子《道德經》各章所講的這三類由「磁」介質連繫起來，有關老子的三類寶貝解說如下：

（一）宇宙，M57 超新星，《道德經》28 章萬物有靈，《道德經》1、2、4、5、8、16、32、34、39、40、42、62 章，人類的作為。

老子在 28 章以他做柱下史的職位，寫出「知其白，守其黑，為天下式。」表示老子已經知道虛、危的兩星宿和織女星的關係，並且訂下玄枵星座以便循序找他所看到的 M57 超新星。

《道德經》28 章：
知其雄，守其雌，為天下谿。為天下谿，常德不離，復歸於嬰兒。知其白，守其黑，為天下式。為天下式，常德不忒，復歸於無極。知其榮，守其辱，為天下谷。為天下谷，常德乃足，復歸於樸。樸散則為器。聖人用之，則為官長，故大制不割。

解讀
在我遇見「鼓風的麻袋及鼓風的竹筒」的兩山谷之間的水流旁那裡，我看到像女性生殖器樣子的物體，穩穩的停在那裏，我的想法起了變化，這個想法使我的「德」的魍魎回歸到嬰兒一樣純真不偏離常軌。夜裡看星象如果

能找到很明亮的織女星的話就能夠定位，但是還得循序找到那些比較暗色的虛、危星兩宿，這才能找到那顆剛爆發的 M57 超新星，唯有這樣才能夠作天下人的模範。作天下人的模範德行也就不會產生偏差，使得我能回推到找 M57 超新星爆發的方位，而以指南針所指的北極星方向作準繩。我知道人家會因為我遇見「鼓風的麻袋及鼓風的竹筒」這等不尋常的事實而誤解我，所以我得忍受別人的侮辱；至於 M57 超新星爆發自然有占星者會追蹤在哪兒和是誰發現的？我知道那是件光榮的事就好了。但願在這裡躲避戰禍的山谷能容納天下所有的人，使他們知道所有發生在這裡的事，讓我影響他們有充足的「德」的魍魎，使大家能回歸到純樸的境界，而大家有了純樸的風氣這個「用」，就是以「鼓風的麻袋及鼓風的竹筒」和 M57 超新星爆發作為「器」的。

因此以老子說的：「知其白，守其黑，為天下式。」這句謎語般的語言，相信老子確實親自看到 M57 超新星的緩衝。

雖然《道德經》沒有提到北極光，但是身為掌管天文曆法的柱下史的老子對北極光應該並不陌生。

山海經成書於漢朝，記載 3,500 年前的東亞地理的《山海經‧海外北經》和《山海經‧大荒北經》，分別紀錄了在不同地理位置所看到的北極光。

前者記載：「鐘山之神名曰燭陰；視為晝；瞑為夜；吹為冬，呼為夏；不飲，不食，不息，息為風，身長千里，在無啟之東。其為物，人面，蛇身，赤色，居鐘山下。」

後者記載：「西北海外，赤水之北，有章尾山。有神，人面蛇身而赤，直目正乘，其瞑乃晦，其視乃明，不食不寢不息，風雨是謁。是燭九陰，是謂燭龍。」

前者可能是 5,000 年前大洪水時形成的中國內海北岸的海外，在鐘山之下無啟之東所看到的北極光。後者可能在該內海西北岸的海外，在赤水之北叫做章尾山所看到的北極光。

在佛洛伊德（Sigmund Freud, 1856~1939）的同時代，有科學家研究光環（aura）可在人體或物體外8英呎的距離內出現，A. W. Lair 醫師在《超視能力》（clairvoyance- As Exemplified in The Fifth Force）一書談到心理單位或神聖精神（Psychological Unit or Divine Spirit）對人體的影響。做為佛洛伊德的猶太人弟子 Wilhelm Reich（1897~1957）則從物質上研究這種光環，終於研究出「青藍光華」的存在。

現代西方對主流科學家包括量子理論及愛因斯坦相對論發出異議的人，棄而不談靈魂只用到神聖精神／意識單位（Divine Spirit/ Consciousness Unit）或意識陰謀（Consciousness Conspiracy）的名詞談論非主流科學，以便有別於主流科學。可見得西方的思想正從「器」，逐漸走向老子的「器」與「用」協調，也就是「磁化」。其實佛洛伊德用在精神分析療法的自由聯想，早已有現代的「器」與「用」價值，可惜不被主流的科學家接受。

Wilhelm Reich 承接佛洛伊德的思想，發現「青藍光華」的存在，這與數碼相機能捕捉的「青藍光華」一致，應該是可做為萬物有靈存在的證據，也就是「蜻蜓點水」式的「磁化」。

1987年，有一顆超新星 M1987a 在南半天的大麥哲倫星雲爆發，微中子迴漩流過來穿過地心，超越到北半球的日本，有10幾個微中子即時被裝置在1公里深的地下廢棄礦坑底層的檢驗設備，檢驗出微中子穿越地心而來的方向。我們有理由相信這些被檢驗出來的微中子，和未檢驗出來的未知物就是「磁化」的痕跡。「磁化」的超越是不受任何物質存在阻礙的，現代能檢驗出「磁化」存在的工具有限而且費用昂貴尚不能普及。

由此可知「磁化」是即刻的現象，就像「蜻蜓點水」一般，這是因為「磁」做為介質無所不在，某一點的「磁化」就地球上的生物來說，是有時刻之別，只不過以人類來思考大宇宙範圍，地球的時刻現象則是微不足道的。

由此證明人們的作為是像「蜻蜓點水」一般的「磁化」，只不過老子編《道德經》及《大一生水》的目的，是想要使人們的作為走進「德」的門檻，如

果不走進「德」的門檻而走入歧途，老子也舉例說那會是「餘食贅行」或「盜夸」。

（二）UFO、磁（包括磁石）、《道德經》5、62、67、69章。

《道德經》62章：

道者，萬物之奧。善人之寶，不善人之所保。美言可以市，尊行可以加人，人之不善，何棄之有？故立天子，置三公，雖有拱璧，以先駟馬，不如坐進此道。古之所以貴此道者何？不曰以求得，有罪以免邪？故為天下貴。

解讀

「大一」流出水磁經過萬物之經，流入萬物之母而到位的「道」，是萬物有靈奧妙的地方。因為我看見「鼓風的麻袋及鼓風的竹筒」飛行事件，所以「道」是善人的寶貝，同樣的也可以是惡人的保鏢。讚美的語言雖然可以受到歡迎，尊貴的行為雖然也可以讓人讚揚，可是對於那些惡人的保護，我為什麼要放棄呢？所以這個社會要管理，立天子、設置三公的官位讓人家當，雖然有珠寶、璧玉，還有名駒等著人家騎，我看不如進「道」來得妥當些。古時候的人為什麼珍視「道」呢？因為不必等對方講出來祂就能供應所求，犯了罪過也能得到赦免，所以天下人都珍視祂呢！

《道德經》69章：

用兵有言：吾不敢為主而為客，不敢進寸而退尺，是謂無行。攘無臂，扔無敵，執無兵。禍莫大於輕敵，輕敵幾喪吾寶。故抗兵相加，哀者勝矣。

解讀

用兵的方法說，以自然通道水磁流通來輔佐萬物之母的人主，是不會逾越權責反客為主的，也不敢畏懼地進寸退尺來掩飾敗績，這就是行軍等於屯軍的守勢。我不得不自己再一次講UFO與「無為而無不為」的道理給大家聽，舉起兵器但是等於沒有臂膀不能動武，要射出弓箭去殺敵然而沒有敵人，要帶領部隊可是沒有兵，這就是我看見UFO以後的想法。為什麼要採取守勢？因為真正的大禍是輕敵，輕敵的話就真的會失去克敵制勝的寶貝了。所以真的要兩軍互相對抗時，哀兵是可以致勝的。

根據二次大戰以來世界上關於不明飛行物UFO本身的報導傳說，以及直接觀察者所做的推測和可能對人類的衝擊，有關UFO現象報導舉例如下：

1. 在空中飛行的叫做UFO（unidentified flying objects），在海中可潛水的叫做USO（unidentified submerged objects）。

2. 除天空外UFO常在水域被發現，如湖泊、河流、水庫甚至於沼澤發現。

3. 日本東北到西南的櫻島相距1,000多公里，雖然照說以高速度可能及時做兩地之飛行，但是2011年311東北地震海嘯當天下午發生之後在櫻島所看見的飛碟，不見得是從東北現場來的，因為全球各地隨時都可發現飛碟。

4. 是否UFO的緩衝（北極星方向、UFO、緩衝）可以解決牛頓的重力加速度G的問題？UFO是可滯留在空間之飛行器，不像人類在地面上活動，應該沒有地心引力引起的G的問題。祂們也許能直接往上飛然後下降到某地減去空氣磨擦力，如果UFO也有摩擦力的話，以至於人類誤以為飛行速度可達音速以上，其實要比超音速更快，要不然怎麼能在宇宙間飛行？所以被西方非主流的科學家稱為反重力（anti-gravity），也可看成沒有G的問題。

5. 二次世界大戰時，已有交戰國雙方報告 UFO 出現於戰場，美國方面有報告指出自 1940~1950 年代，多次從觀測氣球的經緯儀看到高空有 UFO 出現。在當時人類因為戰爭而發明雷達，但是照相機仍是用膠片做底片，噴射機剛發明時速只有幾百公里，大眾傳播媒介只靠報紙及收音機廣播。美國阿波羅 11 號太空人於 1969 年 7 月登陸月球以前，人類還在使用底片照相機，只不過底片有了彩色而已。當時電視機已普及且能把新聞立刻傳播給大眾，噴射機也早已向時速以馬克計算挑戰。在這期間據說已有數起 UFO 降落陸地的紀錄，從地面留下的壓痕可看出 18~30 英呎的飛碟有 3 隻腳，20 英呎蛋形的 UFO 有 4~6 隻腳，重量則分別有 8~10 公噸及 14~18 公噸。從阿波羅 11 號太空人登陸月球起，就開始使用光電效應的數碼相機，這種照相機有能力捕捉「青藍光華」。1980 年代個人電腦以及互聯網在全世界逐漸普及，使得資訊流通乃是一瞬間之事，雖然有關 UFO 的訊息在西方國家遲至近年才獲得官方解禁，由於上述因素，UFO 的影像及報導近 30 年來漸漸普遍。

6. UFO 在宇宙間飛行時，時間與距離可能需要考慮對數之類的效應，也就是非平面數學的影響。

7. 一如休柏格在湖邊正在躲避濺來的湖水時，湖裡的 UFO「適時」飛出一樣。因為互聯網及數碼相機在今日的普及，UFO 的影像被捕捉的機會越來越多，除了現代的數碼攝影、電腦這兩項科技外，想要看見更多的 UFO 影像，前述的櫻島 UFO 同時消失以及上述之例「適時」關係，值得我們參考。

8. UFO 因為「磁化」有一個保護膜包在 UFO 外面，所以可以隱匿蹤跡，並可使槍炮改道。UFO 常常偵察有武器的軍事基地、核子飛彈發射場、核能設施等人類貯藏高能量地區。

9. 靠近 UFO 觀察者的報告表示，UFO 飛行時沒有聲音。沒有噴射氣體現象或發射任何噴射動力。

10. UFO 在某人上空盤旋使其整夜失眠，可想見 UFO 的到來與這個人的思想可能有某種關係，要不然怎麼會來找這個人？在這種情形下人體被 UFO 控制，不能自主。假使不是在半夜的話，UFO 控制的這種狀況可能會產生這個人的「無欲」與「莫知」。

11. UFO 移動時並未產生像直昇機一樣，將空氣向下排出或是明顯的空氣流動（亂流及噪音）。設想圓盤形 UFO 是否依照看不見的軌道，以正弦曲線搖擺行進，而並非空氣動力學的浮力或飛行？

12. UFO 如果夜間在人類上方盤旋不發出聲音，或只發出不令人起疑像蜜蜂發出的嗡嗡聲。因為 UFO 接近睡眠中的人會使人輾轉反側或暫時無法行動，所以老子說的「夷」、「希」及「微」可能是這種狀態下，不知不覺瞄到的影像或聽到的聲音或嗅覺。

13. UFO 呈圓錐形、圓形、卵圓形或水滴狀。UFO 常在天色不明時出現但靜止不移動，或夜間有閃爍的燈光，可能出現在夜間或白天。有多個燈光位於邊緣或下方，圓盤形的 UFO 有多個燈光，三角形UFO 的有三個燈光。

14. UFO 的真正形狀是從「磁化」的 UFO 周圍，忽明忽滅的光線中出現的圓盤形或其他形狀。夜間出現的 UFO 前後外緣常常模糊不清地發亮，就像棉絮般，中央部分則有較清楚的主體。

15. UFO 常跟蹤汽車、飛機或船隻數分鐘到幾小時之久。被觀察者的車子被 UFO 控制，鐘錶指針停擺。

（三）人、動物、植物、礦物；軟的活，硬的死（《道德經》76 章）。

　　老子認為不論是人還是草木，活的呈現柔弱，死的呈現僵硬。除了 39 章和 76 章的萬物是指草木外，其餘的萬物都是指「萬物有靈」。

　　現代的生物學大抵分成動物與植物兩種，其分類學都是分成門、綱、目、科、屬、種，但是也有的生物既不是所謂的「動物」，也不是所謂的「植物」，濾過性病毒就是一例，所以中國傳統的「草木」一詞，應該指的是除人類以外都是「草木」，包括礦物。

　　狂牛病（Creutzfeldt-Jacob Disease CJD）是 1995 年在英國從病牛身上發現的一種人畜共同感染的疾病，由一種特異蛋白質 prion 引起的。prion 既不是動物也不是植物。也不是像濾過性病毒有核酸。狂牛病是慢性疾病，會侵襲大腦。

　　中國傳統的靈包括現代名詞的動物、植物，礦物以及不知名的元素，所以靈一詞應可代表這些現代的生物分類，包括 prion 在內的一切生物。從道德經 67 章與 76 章，我們能了解老子把靈分類成軟而活的及死而硬的，並非西方近代的分類。由於 prion 是狂牛病的病因，及這種病是人畜共同感染的疾病一事，可知道西方對疾病的分類並不恰當。

　　「動植」一語在南宋朱熹（1,130~1,200）的《齋居感興・二十》出現：

玄天幽且默，仲尼欲無言；動植各生遂，德容自清溫。

解讀

　　黑色的天靜靜地在那兒，連孔子也沒話說：動植各自生長，「德」的魁魁自然清新溫煦。

　　朱熹是大儒，所以心中只有孔子與「德」。他在《齋居感興・九》吟道：

感此南北極，樞軸遙相當；大一有常居，仰瞻獨煌煌。

解讀

感應南北極，子午線遙遙相對（當時人類還不知道地球是圓的）；大一（北極星方向）固定在那兒，仰頭看只見星光自個兒閃光輝。

朱熹說出中國人對老子的「道」僅有粗淺的認識，但是對老子遇見 UFO 一事則完全沒有認識，推測他對《道德經》僅像古時候的讀書人一樣一知半解。

以現代人受儒家思想影響僵硬地對文字的認知來講，光是了解文字的意義是不足以抓住老子的思想的，必須延伸解釋才能切中旨意，這就是《道德經》難讀得懂的地方。筆者認為老子的《大一生水》比較容易讀，只要經過一番思考就容易懂了。

在 6,500 年前地球最近一次大洪水之前，中國軒轅氏黃帝時代發明的指南車，它能指北極星方向，也就是「大一」的方向。但是黃帝的對手蚩尤卻只知道北斗七星而且流傳下來，指南針和北斗七星在古代中國表示固定不動的星星方面，兩者並用。一直到北宋的沈括才觀察出北極星在中國古代的三度範圍內都可以見到。所以《大一生水》裡講的「一缺一盈，以己為萬物經」，雖然講的是月亮的盈虧，但是我們不妨將「大一」的方向，視為老子所指的「水」的方向。

北宋 沈括 1031 － 1095
baike.baidu.com/view/2124

宋 朱熹 1130 － 1200 年
www.sssch.net

五.張道陵的經驗

距今約 1,900 年的東漢時期，老子的思想精髓早已被人忘了，倒反而老子變成了道教的太上老君，莊子則是後世所稱的南華真人，張道陵（西元前 34-156）的孫子張魯創立五斗米道的神明。張道陵把老子的《道德經》前半部 37 章寫成《想爾注》，解說成適合大眾接受的普世讀物，他的孫子張魯把這叫做五斗米道以便傳教，信其教者須繳納五斗米為資。張道陵把老子的《道德經》後半部寫成《想政注》，可惜後半部如今已不傳世。

《想爾注》這本書的古寫本典籍，近世被發現藏在敦煌莫高窟，在清末光緒中葉被英國人向當地的王道士購買，現藏於英國大英博物館。饒宗頤氏根據大英博物館的館藏，於 1956 年在香港出版《老子想爾注校牋》。因為老子重視遠古演變來的母系社會，所以後世的道教在民間發展，有別於儒家在官方的推廣，但是老子的思想建構了道教男女平等的觀念。

《想爾注》將「載營魄抱一，能無離乎。」解釋為精是屬於人身之物，它的功能離開人身就沒有用。一就是所謂的道，存在於三個地方。其一，在人身上，要守一。如果說不在人身上而是附著於身體的話，那不是真的所謂道。其二，在天地之外，進入天地之間，往來人身之中，並不固定在什麼地方。其三，分散為氣，凝聚成太上老君（老子）形象，住在崑崙山，講的是虛無、自然及無名。

如果入了五斗米道而能遵守教條而不違反，就叫做守一。不能遵守教條就是失一。人世間常有指五臟為一之名，教人瞑目靜思以求的福氣，這是遠遠地偏離所謂道了。

由此看來，張道陵雖然把形容得像老子的萬物之經及萬物之母，也許他真的看過 UFO，不過他沒有老子遇見 UFO 的經歷，但是他從老子那裡得到靈感，並將老子奉為太上老君作為精神領袖。雖然 1,800 年前東漢時期的班固，在白虎觀會議將推行儒家思想正式列入國家政策，但是道教在民間十分普及，並盛行於北方的遼、金及元，尤甚於南方的宋。

　　《想爾注》將「天門開闔，能無雌乎。」解釋為男女的生殖器，說明男的應當效法女的在地上，<u>張道陵</u>沒掌握住老子使用文字表達的意思。老子在61章說過「牝常以靜勝牡，以靜為下。」是說 UFO 好像女性生殖器安靜地停在地上，但是在老子那個時代的處境，除了《道德經》及《大一生水》的文字外，也不好使用其他文字來表達他的意思，到了張道陵的時代，文字能表達的意思又進步許多。

　　但是我們可以注意到不論老子或張道陵，都把男女生殖器直言表達不諱，史作檉在《自然本體與人之生殖器的故事》討論到生殖器是感覺的來源，人類有生命必有生殖器，只不過他把西洋的本質（nature）誤譯為自然，所以內容偏離老子的思想，但是由此可見生殖器的重要，不因社會的忌諱就不提，古今中外皆然。

道光列仙傳—張道陵
www.otani.ac.jp

CHAPTER
——02

貳 /
關於老子

貳 / 關於老子 _____

一.老子的時空

　　中國的老子、畢達哥拉斯（Pythagoras，數學家，西元前 570~459）、赫拉克利圖斯（Heraclitus，古希臘哲學家、吟唱詩人，西元前 5 世紀）及巴門尼德（Parmenides，古希臘哲學家，西元前 5 世紀）可說是同一個時代的人。在西方的三個人之中，赫拉克利圖斯的思想比較接近老子的，巴門尼德的就已經偏離了赫拉克利圖斯的。至於年紀和老子相當的畢達哥拉斯在平面數學有建樹，他的靈魂說是古埃及人講法的遺緒。赫拉克利圖斯被他家附近的隕石坑影響，而有類似老子（萬物流變思想）的「水磁」的經驗。但是受限於西方見解的影響，nature 一詞是講本質，而不是老子的自然，兩人是各說各話，若加上老子遇上 UFO（不明飛行物體，Unknown Flying Object）的經驗，則差別更大了。

　　1963 年，在中國陝西省寶雞縣出土青銅時代所鑄造的青銅器何尊，上面有 122 字的銘文說明，周朝開國的第二位天子周成王遷都而有「余其宅茲中國」字樣。此外，周公教導編成的《尚書》到了後世的戰國時代有了簡冊出現，中國的非拼音象形文字的甲骨文在晚商的殷墟出現，主要是用來記事王室的活動，一如古代的結繩記事。直到西元前 1,046 年，西周開國後中國的文字才能用來作文章，雖然不見得比古埃及象形文字轉化成僧侶書寫的拼音文字更早，但比柏拉圖的時代早了 600 年。

　　至於書寫材料方面，古埃及以炭條或各種礦植物色素寫在紙莎草紙上，中國最遲在周朝開國時就有文字能直接表達說法，因此老子以文字來編寫《道德經》及《大一生水》。但是當時的文字刻在竹簡上，一直要等到三百年後的戰國時代末期，才有寫在絹帛上的文字從出土文物被發現。

　　據考證老子的出生地河南苦縣，在今黃淮平原北部的河南鹿邑及安徽渦陽的中間低窪地帶，有許多河川自西北方黃土高原上的黃河流到這裡，可能在老子的時代海退到今洪澤湖、太湖＊等等，今日的湖泊西北向東南一線地帶，東周的首都在今洛陽地區，就位於苦縣西北方約 300 公里處。

＊ 王唯工，《河圖洛書前傳》P.94 太湖是隕石衝撞造成，2012.5.28，南京大學。（編註）

周朝的官職為世襲制，可以想見老子年幼時，就隨父親到京畿居住，或者最遲在西元前 532 年以前，從家鄉到京城承接父業。所以周朝當時的官話（今日閩南語）對老子來說至少已能應用自如。到了他和孔子（西元前 551~480）會面時，對來自山東魯國的孔子可不一定，這一件語言上溝通不良的事件，或許是造成兩人思想上不同的原因。從《道德經》和《孔子家語》比較就能看出其中緣由，因為《道德經》38 章可能是講這兩次會面，《孔子家語—觀周第十一》也提到這一件事。

　　戰國時代韓非子（西元前 281~233）的《喻老》解釋《道德經》64 章，語意很明白的一句話，「以輔萬物之自然」為「恃萬物之自然」，也就是說先有自然其他的再說，而不是其他的準備好了才能輔佐自然之出現。

　　老子《河上公注》是實行「黃老之治」的西漢漢文帝時河上公所註，但是一直到了東漢佛教輸入，五斗米道和太平道興起後才成書。也許是張道陵後世的五斗米道，《想爾注》及《想政注》受到歡迎的關係才有這樣的結果。張道陵的五斗米道雖然是玄學，即使沒有老子的傳承，他有可能見過 UFO 才有立教傳道的做法。比起韓非子寫《解老》、《喻老》有政治目的，太平道與五斗米道各有信眾，不過老子《河上公注》之出現，張道陵的五斗米道其實更有安撫民心的作用。中國道教傳承至今張道陵功不可沒。這也該算是 UFO 存在之事實的功效吧，也說明張道陵具有遠見。

孔子見老子圖 元 史杠
zh.wikipedia.org

二．老子的眾妙之門

眾所周知，老子是個作官兒的人，主張「無為」，此外，老子是個怎麼樣的人呢？在以下兩章裡我們看得出他是個隨和的人，而且他不因為作了官就顯得不屑一談瑣事。

《道德經》雖然處處提到聖人，但那不是孔子講的聖人，只是作官兒的人的意思。既然他是作官兒的人，又是隨和的人，那麼我們應該猜得出老子大概是個怎樣一個人吧。要真正了解老子這個人的話，請看第 1 章「老子看自己」，從此章我們就能慢慢了解老子這個人。

《道德經》1 章：

道可道，非常道，名可名，非常名。無名天地之始，有名萬物之母。故常無欲，以觀其妙。常有欲，以觀其徼。此兩者同出而異名。同謂之元，元之又元，眾妙之門。

解讀

感應南北極，子午線遙遙相對（當時人類還不知道地球是圓的）：大一（北極星方向）固定在那兒，仰著頭看只見星光自個兒閃著光輝。

自然的流程例如黃河季節性的洪水，得經過淵谷的緩衝才不會氾濫成災。所以像自然的流程一樣，緩衝也得給個名。宇宙的漩渦是有字無名的，其下的萬物之母包括我在朝廷得來的經驗以及我遇見的「鼓風的麻袋及鼓風的竹筒」，才知道也得各給個名，那不妨給後者叫做「水」的性質，或者水磁的「性」與「質」。

作官兒的我常「無欲」才能觀察人與人之間的奧妙。要是經常「有欲」的話也能夠看看邊際的瑣事。「無欲」及「有欲」是同一件事但是名不相同。相同的話就叫做元，元裡還可以有相同的元，像這樣就進到了奧妙的大門了。

「水」的性質老子指的是「水磁」，那麼「磁」就是性質。以現代西方

的哲學論點來說，「性」是唯心的，「質」是唯物的，則性質既唯心也唯物。因為「水磁」是緩衝（buffer），所以「磁」是「心物合一」的，也就是說研究「磁」不但現代的物質科學之研究包括在內，也包括意識在內，所以西方的非主流科學常常包含意識之研究。

在這一章老子並沒有非得「無欲」不可，照常理推測，他也時常有欲，但不同於佛家講求薰修的「無欲」的境界。

《道德經》27 章：

善行無轍迹，善言無瑕讁，善數不用籌策。善閉無關楗而不可開，善結無繩約而不可解。是以聖人常善救人，故無棄人，常善救物，故無棄物，是謂襲明。故善人者不善人之師，不善人者善人之資。不貴其師，不愛其資，雖智大迷，是謂要妙。

解讀

假使我能做到管理就像車輪輾過而不見車輪的軌跡一樣，能做到以和善的語言表示心中的話而不會讓人指責，能做到善於心算而不必用竹枝籌算才知道結果，能了解沒有關楗的門關得很好是因為它本來就是關著的，而不是它要有關楗才能關得好的含義，能作為結繩記事之用是因為它本來就能記事，而不是它有結節，這不就是我嚮往的境界嗎？

所以作官兒的人因為需常常救人而不能放棄不救的，需常常救得物質而不能放棄不救的，像這種作官兒的人就是合道完善的境地（即「襲明」）。

所以說常常救人的人不善於做人家的老師，不常常救人的人可能圖謀人家的財物。但是也有既不愛做人家的老師也不愛人家的財物的人就像我，雖然在「無欲」及「有欲」這事上看來是迷迷糊糊的，但這就要進入奧妙的大門了。

可能因為中國傳統文化的關係，老子認為善人與不善人都有存在的價值，老子為了表明寬宏相容之道，特地編了 27 章「要妙」之義。

三．老子的無為—行不言之教

《道德經》2章：

　　天下皆知美之為美，斯惡已。皆知善之為善，斯不善已。故有無相生，難易相成，長短相較，高下相傾，音聲相和，前後相隨。是以聖人處無為之事，行不言之教。萬物作焉而不辭，生而不有，為而不恃。功成而弗居。夫唯弗居，是以不去。

解讀

　　我看那「鼓風的麻袋及鼓風的竹筒」這個「器」裡面的靈行事算起來是美好的，但是我們得防祂作怪。用心是善良的，但是祂也有不和善的時候，畢竟地球自有人類以來祂們就已經跟我們相處了。祂們跟我們相處時很自然地或有或無互相浮現，難事一瞬間就可以完成，而易事也可變得棘手，長的和短的互相比劃，高的和低的互相依靠，發音和出聲一起奏出共鳴，前頭和末尾互相跟隨，畢竟祂們的文明比起人類的文明先進得多。所以作官兒的我只得「無為」行事，也就是作不言的教導。萬物自會生生息息從不停止，我們人類一生下來就不擁有什麼，長大了作事也不必持有什麼。作一件事辦成功了也不必居功，就是因為不居功，所以功勞離不開我們人類自己的。

　　「無為」也就是作官的老子在作不言的教導人民，他教導的內容是緩衝，也可說是「水磁」。

《道德經》3章：

　　不尚賢，使民不爭。不貴難得之貨，使民不為盜。不見可欲，使民心不亂。是以聖人之治，虛其心，實其腹，弱其志，強其骨。常使民無知無欲。使夫智者不敢為也。為無為，則無不治。

解讀

　　自從我有了遇見「鼓風的麻袋及鼓風的竹筒」的經驗，才知道我即使充滿抱負想要在人民面前有所作為，但是比起那種經驗實在算不得一回事。因此我不崇尚賢人，人民就不會搶著要作賢人。不把稀有的貨物抬高價格，人民就不會盜竊；不讓人民看到會引起欲念的物品，人心就不會亂。所以作官兒的我的治理是放空人民的心，餵飽人民的肚子，減弱人民的無謂志氣，鍛鍊人民的肌骨。常使人民既「莫知」也「無欲」，使得講求智慧的人不敢為非作歹。能這樣作到不言之教導，那麼人民就沒有不能治理的。

　　「常使民無知無欲」解釋作常使人民「莫知」也「無欲」，因為「莫知」的意思就是「識之不知名曰莫知」。講求鬥智就會發生為非作歹的事，能作到有利於人類的事，只要努力以赴，自然就水到渠成，努力以赴並不需要智慧。就老子遇見過 UFO 來講，比起 UFO 的能力，人類的有知識又算得了什麼？

　　老子可能顧忌當時的政治現實，所以在《道德經》裡把無知以含蓄的方式表示，而不是用 59 章的「無不克則莫知其極，莫知其極可以有國」的「莫知」，這才引起孟子對「莫知」極大的誤會，而說出「子莫執中」這種論點。

　　老子的「知」原來是包括「莫知」與「不知」在內，《道德經》全部 81 章之中有 11 章提到「知」。他在 81 章說「知者不博，博者不知」，意思是說「莫知」或「知」鎖定的範圍很小，博學多知的人其實是不知。

　　若根據佛教講的六根－眼、耳、鼻、舌、身、意，及六境－色、聲、香、味、觸、法，我們或許可將《道德經》14 章「視之不見名曰夷，聽之不聞名曰希，搏之不得名曰微」，涵蓋在佛教六根中的前三根－眼、耳、鼻與六境中的前三識－色、聲、香。老子的「夷」、「希」、「微」相當於佛教的三根與三識，在《道德經》35 章「淡乎其無味」的「無味」，是指第四根的舌與第四境的味。至於老子「無欲」，如果講的是佛教第五根與第五境，那就只是身體的觸覺，

否則包括範圍更廣，老子在 12 章「馳騁畋獵，令人心發狂」提到「有欲」的感覺。

老子的「莫知」或「知」是「識之不知名曰莫知」的意思，佛教的第六根一意及第六境一法，因為意念是無形的，佛教的法是色法的有形和心法的無形。如果就此打住，可說佛教的意念及法，相當於老子的「識之不知名曰莫知」。但是宗教的終極只是唯心論，佛教又說心法的邊緣叫外境，六境又叫六塵，所以佛理又衍生出所謂的八識，逐漸偏向唯心論，這應該跟老子的「莫知」沒有關係。（參閱參考資料 3，楊憲東《異次元空間講義》）。

張道陵在《想爾注》13 章「及我無身，吾有何患」，輕描淡寫地解釋為「但欲養神耳」，似乎說道教在「莫知」這方面最多只是養神。由佛教及道教在這點的差異，可以想見解釋老子的「莫知」還得費一番功夫。

這也許是老子在 33 章講過「死而不亡者壽」，也就是能作到「無為」而不畏懼身體死亡，一般以「壽」字來稱呼老子，不管他身體是否死亡。從以上兩點都是《道德經》引發的論述看來，老子的「莫知」已置個人的生死於度外。

除了人類局部的感官活動—「夷」、「希」、「微」及「無味」的感覺外，還有「無欲」、「莫知」，以及老子「行不言之教」的「無為」。在 UFO 及其靈普遍出現在人類的眼前之際，我們得費一番工夫才能融入其中趕上進步。

至於物質世界，人類當憑目前的科學知識力求精進，但是不要被壟斷。普遍應用互聯網的訊息加以辨認、思考、吸收人家的經驗。特別是電流引發的所謂「磁化」（magnetize）應該特別加以注意。

對科學以外的訊息也應當擇其優者讀之，不被傳統的方式限制。譬如達爾文在發表《物種起源》以前，博物學（生物學）還不被承認是科學的一種，因為這項學科不屬於平面數學。直到達爾文憑早年的實地考察研究的論文，意外地被論點相似的年輕後輩華萊士要求為其審查，他才出版了這本鉅著，要不然我們看不到這本書。

《道德經》14 章：

　　視之不見名曰夷，聽之不聞名曰希，搏之不得名曰微。此三者不可致詰，
故混而為一。其上不皦，其下不昧，繩繩不可名，復歸於無物，是謂無狀之狀。
無物之象，是謂惚恍，迎之不見其首，隨之不見其後。執古之道，以御今之有，
能知古始，是謂道紀。

解讀

　　能作到看見一個場景卻沒感覺看見叫做「夷」，能作到聽到一種聲音卻
沒感覺聽到叫做「希」，能作到嗅出一種氣味卻沒分辨出是什麼氣味叫做
「微」。自從作官兒的我有了遇見「鼓風的麻袋及鼓風的竹筒」的經驗後，
知道這三種感覺是老百姓日常生活都用得著的，並不值得我重視，所以混為
一談不足為怪。這種「夷」、「希」、「微」的感覺是「水磁」緩衝的現象，
不論上面或下面都不會極端到特別明亮或黑暗，也不必拿個名來稱呼「夷」、
「希」、「微」，也許應該歸於無物。但是就人類，我遇見的「鼓風的麻袋
及鼓風的竹筒」裡面的靈是不成形狀的形狀，牠們的形象「希」起來是恍恍
惚惚的，迎面而來你看不清牠們的頭部，尾隨牠們也不知道牠們有沒有尾巴。
有了水磁的緩衝，能執著自古就傳下來的傳統，以統御執行今天所面對的問
題，也就是說能知道古代是怎麼開始的，就叫做「水磁之道」的綱紀。

　　用到眼的「夷」、用到耳的「希」、用嗅出氣味的「微」，這三種身體
感官的使用，老子說都不必分得清清楚楚。因為老子看過「鼓風的麻袋及鼓
風的竹筒」的飛行事件，使他覺得有需要注意宇宙的動向。對百姓日常生活
的感官需求，他認為不需要計較，只要填飽肚子有得吃就夠了。他之所以有
這般想法，推測 UFO 事件與此有關，然而只有少數人看得見 UFO，人類的
壽命又無可比擬的。

　　「搏」字同捕，氣味是用捕捉的。味覺常與食物連在一起，所以 12 章「五

味令人口爽」可以排除「搏之不得名曰微」的「微」不是指味覺。35 章「道」
的出口是「淡乎其無味」，也就是說「水磁」經過緩衝以後是「淡乎其無味」
的。但是在前一句說：「樂與餌，過客止」與食物有關，所以可猜想「淡乎
其無味」的「無味」指的是味覺。

《道德經》12 章：

　　五色令人目盲；五音令人耳聾；五味令人口爽；馳騁畋獵，令人心發狂；
難得之貨，令人行妨。是以聖人為腹不為目。故去彼取此。

解讀

　　五光十色是非「夷」，可以令人覺得像睜眼說瞎話；五音齊響是非「希」，
可以令人聽起來振耳欲聾；辛味的五味是非常刺激，可以使人嚐起來覺得爽
快；跑馬和狩獵會使人心發狂。難得的財寶誘使人做出不正當的行為。所以
作官兒的人自然是要餵飽百姓的肚子，而不為五光十色所迷惑。這必須要有
所選擇。

　　本章的「是以聖人為腹不為目」，是表示那個時代作官的老子把老百姓
填飽肚子視為最重要的任務，這就使得跟「吃」有關的味覺有所牽連。嗅覺
在本章沒討論。

《道德經》35 章：

　　執大象，天下往。往而不害，安平太，樂與餌，過客止。道之出口，淡乎
其無味，視之不足見，聽之不足聞。用之不足既。

解讀

　　我遇見的「鼓風的麻袋及鼓風的竹筒」恍惚的物體的形象能使大家都嚮

往它。嚮往它不但不會有害處，而且能保平安，就像有了音樂與食物款待大家，來往的過客餓了就會停下來嚐試一下一樣自然。其實嚮往它能使我們嚐起食物來沒感覺不需要計較有什麼味道？看起來也不覺得需要看到五光十色，聽起音樂來也不覺得需聽取抑揚頓挫才行。但是用起來也不必即刻有成果，卻很自然呢！

因為本章用了「淡乎其無味，視之不足見，聽之不足聞，用之不足既」，其意思是「搏之不得名曰微，視之不見名曰夷，聽之不聞名曰希」這些感覺以及微弱動作的「用」。因為嗅、視、聽的感覺及「用」的微弱動作，都在老子遇到 UFO 後證實了，隨之自然的境界也就發生。

味覺是吃食物的感覺，「樂與餌，過客止。」這一句中的「餌」所用到的嗅覺也一併跟食物有關。

《道德經》37 章：

道常無為，而無不為。王侯若能守之，萬物將自化。化而欲作，吾將鎮之以無名之樸。無名之樸，夫亦將無欲。不欲以靜，天下將自定。

解讀

要成就緩衝常常須要實行「不言之教」，這樣的話就沒有什麼不能教的。自從作官兒的我遇到「鼓風的麻袋及鼓風的竹筒」後，我察覺沒有什麼是祂們不能作的，這也許是「磁」存在的關係吧！王侯如果能懂得遵守「磁」這個道理萬物有靈（包括人民）將自動「磁化」。人民「磁化」以後，作官兒的我將教導人民沒法說出口的。這種沒法說出口的樸素的想法就是無欲的，作官兒的我無欲就能作事不會煩躁才能靜下心來，這時天下將自動安定而不像我這兒的朝廷（東周朝廷）擾攘不安。

「道常無為，而無不為」的「無不為」的意思，並不是「為」這個相反意義的字，而是沒有什麼事情不能作到的意思。也就是緩衝既是「無為」，也是緩衝是無所不能的，就好比說「水磁」是無所不能的一樣。

老子是遇到過「鼓風的麻袋及鼓風的竹筒」飛行的人，歷史上有多少人遇到過 UFO 而且懂得？有寫下紀錄來的是鳳毛麟角，所以老子 2,500 年前的經驗是很珍貴的。而這種經驗就記在《道德經》與《大一生水》裡頭。多虧 60 年來西方科技的進步，加上 30 年來互聯網和數碼相機的普及，使得 UFO 的資訊普遍在大眾媒體上出現，2,500 年前老子看到 UFO 才能被人類的認知接受。

為什麼 UFO 和人類的關係若即若離？而且祂們以若隱若現的方式出現在我們的周圍，因為人類是被動地察覺 UFO 的存在，近 30 年來屢次證明其出現，使得人類對在自身之外的現象產生迷思之餘，甚至懷疑 UFO 的文明比人類高。從過去歷史上的經驗，UFO 似乎與人類和平共存，井水不犯河水。

《道德經》48 章：

為學日益。為道日損，損之又損，以至於無為。無為而無不為，取天下常以無事，及其有事，不足以取天下。

解讀

作學問是向本領越來越高的老師學習以增強智慧，自從我遇見「鼓風的麻袋及鼓風的竹筒」後，我察覺祂的「磁化」比起我們人類是高明得多。我們人類得天天練習緩衝到能實行緩衝的「不言之教」的程度才能相比。假使王侯能實行「不言之教」，又沒有什麼事情能教不到的話，取天下不需費什麼事，如果還要費事的話，也就不足以取天下了。

1604 年英國學者法蘭西斯・培根（1561~1626），因為看到 SN1804 超

新星爆效（爆發的效果），寫下了密碼，並改變作為女王之子匿名撰寫莎士比亞戲劇的浪漫生涯，毅然追求作學問，而對後世做出巨大貢獻。但是以老子與培根相比較，老子要行「不言之教」，培根卻「為學日益」，兩人思想是背道發展。

「為道日損，損之又損，以至於無為」，這句話和婆羅門教的薰修證果是不同的。婆羅門教和後世的佛教實施的是修行，修行的方法是消磨志氣以達到證果的目的。釋迦牟尼做王子時可能有被宮殿防範刺客的磁石門影響，但是他也許沒有看到 UFO 的經驗。老子認為作官的人有需要消磨志氣，以達到 UFO 與人類以緩衝（水磁）共存的境界。古希臘的詩人荷馬是盲眼，即使有 UFO 在旁他也看不到，所以他唱出來的傳說神話是聽人家描述的，也有些是後世流傳添加的，他都傳誦至詩篇中。

《道德經》37 章和 48 章，都同時出現了「無為而無不為」的文意。另外可能是 37 章編完後，正值孔子來訪，見面後老子覺得需要補充，所以 38 章接著談到禮的問題。

《道德經》43 章：
　　天下之至柔，馳騁天下之至堅，無有入無閒。吾是以知無為之有益。不言之教，無為之益，天下希及之。

解讀
　　作官兒的我遇見「鼓風的麻袋及鼓風的竹筒」和裡面的靈，才「莫知」天下最柔和的靈能夠開天下最堅硬的「鼓風的麻袋及鼓風的竹筒」，這可能是從宇宙「無有」的「大一」開到這裡的。因此祂們的文明比人類進步，我由此「莫知」對人類行「不言之教」的益處，不論是「不言之教」還是行「不言之教」的益處，有了緩衝（水磁），希望天下的人類趕得上祂。

四. 老子的有為

《道德經》24 章：

　　企者不立，跨者不行。自見者不明，自是者不彰，自伐者無功，自矜者不長。其在道也，曰餘食贅行。物或惡之，故有道者不處。

解讀

　　踮起腳尖想要出人頭地的人，反而站不穩；跨大步伐想要超過別人的人，反而走不了多遠；自我吹毛求疵的人反而不明朗；自我肯定的人反而不彰顯；自我誇耀的人反而沒有功勞；自我矜持的人反而沒有進步。自從我看見「鼓風的麻袋及鼓風的竹筒」的飛行事件後，了解到水（磁）是浮在向低窪地區流去的水之上方的，所以知道不可以讓水（磁）在「一」的路線阻塞。一旦阻塞就叫做餘食贅行（吃得過飽、腫脹或走路不方便）。這種情形大家都不樂見到發生，所以有「道」的人是不願意處在這種環境的。

《道德經》53 章：

　　使我介然有知，行於大道，唯施是畏。大道甚夷，而民好徑。朝甚除，田甚蕪，倉甚虛；服文綵，帶利劍，厭飲食。財貨有餘，是謂盜夸，非道也哉。

解讀

　　假使能讓我有知的話，我走在大路上，唯有這種特權是我所害怕的。因為官員把大路做得很平坦讓馬車容易行駛，但是卻讓步行的人民走崎嶇的小路。朝廷的宮殿裡整理得乾乾淨淨的，但卻讓田地荒蕪，糧倉裡也很空虛。官員們穿著有花紋彩飾的衣服，佩戴著鋒利的刀劍，卻厭惡平常的飲食而喜歡大吃大喝。財貨有餘，這就叫做盜賊的奢侈，這該不是「道」吧！

參 /
如何
解讀老子

參 / 如何解讀老子

一. 如何解讀老子

　　老子是東周的官員，所以他的見地都帶有政府官員的色彩，《道德經》裡的「聖人」一詞大多指他自己的行為，但是也有一部分是指別的官員，這和後世孔子以「聖人」指高貴的人是不同的。

　　《道德經》17、23、25、64 等章提到的自然，與西方的自然 nature 是不同的，nature 的意思是「本質」，只是嚴復在 19 世紀末翻譯西書時誤譯為自然，貽誤至今。

　　老子的自然不專指現代用語的「大自然界」以及人間的慣用語「當然」，而是兩者兼具。從《大一生水》出土以後考察知道，更有甚者也包括天地，即今日所認識的宇宙。

　　「道」的內涵是緩衝的意思，如長江的洪水從上游經過洞庭湖蓄積的緩衝後下游流量變小，不至於氾濫成災，為害人民的生命財產。而且洪水可用來灌溉湖泊四周的農田，生產糧食以供人民食用，「道」有時也使用在像洪水緩衝所產生的支流通路。

　　「道」之用法已成為《道德經》的常用語彙，所以除上述的意義外有時也用來指道路。

　　後世將老子解釋成主張「無為」與「無欲」。其實無為只是身處東周朝廷變亂，可能連安心編他的簡冊的地方都沒有，他只能行不言之教教導人民，而且把這事隱稱為「無為」而已。至於「無欲」，老子講自己只希望官員能餵飽人民的肚子就可以了，沒有其他慾望，而不是後世的人解釋的老子主張為人要無欲，更不是佛家提示的「薰修證果」。

　　讓我們來看看老子如何講自己。

《道德經》20 章：

　　絕學無憂，唯之與阿，相去幾何。善之與惡，相去若何。人之所畏，不可不畏。荒兮其未央哉。眾人熙熙，如享太牢，如春登台，我獨泊兮其未兆，如嬰兒之未孩。儽儽兮若無所歸。眾人皆有餘，而我獨若遺。我愚人之心也哉。

沌沌兮。俗人昭昭，我獨昏昏。俗人察察，我獨悶悶。澹兮其若海，颺兮若無止。眾人皆有以，而我獨頑似鄙。我獨異於人，而貴食母。」

解讀

　　不做學問就沒有憂慮，到時只聽得懂好與不好就可以了，這兩種選擇又有什麼差別呢？善與惡的差別又是多少呢？但這種選擇是大家認為害怕的，所以我不能不害怕。就像荒野沒有種植莊稼季節吧！大家都熙熙攘攘好像享受祭祀的三牲一樣忙碌，如春天登臨祭壇。就只有我好像飄泊於溪谷中沒有徵兆，又如同剛出生的嬰兒純真嘻笑哭個不停。我好像登上高山頂峰但沒有佇足停留的地方以便回去，眾人都有多餘的歡樂，就只有我遺世獨立。我是懷著愚人的心情吧！我日子過得混混沌沌的。平凡的大眾對周遭事物清清楚楚，而我卻昏昏沉沉的不知所以。眾人都很警覺，我卻悶悶不樂。我的心情就像在遼闊海中飄泊的小舟一樣，吹起風來飄搖得像沒有止境。眾人在這個世界裡都有可以把持的依據，而我卻獨自頑固得像住在偏僻的地方而沒有人喜歡我。我自個兒跟別人不同，但是我卻珍視撫養人民的母系氏族群體。

　　老子在這一章雖不至於完全是自言自語，但是他不像一般人避諱，反而把自己的心情講出來，這一章沒有萬物有靈，也沒有「道」與「德」的文字，純粹是在說老子自己。而他之所以這樣可能和他被磁石門影響有關。我們可從這裡看出老子之不凡，難怪道教的創始人把他當神仙般看待。

　　這一章推測是老子進入東周王室任職以後寫的，他被磁石門影響的時間還不算很久就有這樣的感覺，當然這還跟老子的個性有關。

　　到底老子距今已有 2,500 年了，綜觀可信史與不可信史上的老子這個人，除了他自己的觀察外，筆者認為從他編《道德經》與《大一生水》的文字看，磁石門對他的影響有以下幾點：（一）老子不會在著作上防衛自己，全然以赤子之心面對讀者。（二）他自知在做什麼事，也沒有什麼好隱瞞的。（三）

當他高興的時候也會自說自話如《道德經》20章。（四）公事困擾他的時候，有時反映在他編的條文感嘆，但是有教誨人家的語言如《道德經》37章及42章等。

　　由此我們得知在中國的歷史上，或者西方的神話中及精神病學研究，都反映出母系氏族群體的重要性。所以說老子在《道德經》20章的「而貴食母」，東西方古社會都有類似現象被表達過。

老子道德經 漢 河上公 注
catalog.digitalarchives.tw

老子騎牛圖 明 張路 1464—1538 國立故宮博物院
www.epochtimes.com.tw

二 . 自然

　　在熱帶叢林中可以找到多種昆蟲，如枯葉蟲外型除了一丁點的頭以外，全身只像枯葉和枝條不成比例，甚至翼片和周遭環境相似顏色的葉片相同，但還分得出附着其上的枝幹，令人感嘆自然之美與奧妙。

　　也有一種褐色蜥蜴，尾巴像一片枯葉，生活在顏色相似的環境裡。這種昆蟲或蜥蜴隨着樹林一起生長，也不知道經歷多少年，但是它們共同呈現了自然之美則無疑問。

　　蜥蜴的特點是外觀，顏色多而且易變色，以及能斷尾求生，其體積從手指般大小到美洲變色蜥蜴近百公斤。這種美洲變色蜥蜴生活在樹上，有的可潛入海中達數小時，期其腦部不及頭部的十分之一。

《道德經》64 章：

　　「其安易持，其未兆易謀，其脆易泮，其微易散。為之於未有，治之於未亂。合抱之木，生於毫末。九層之臺，起於累土。千里之行，始於足下。為者敗之，執者失之。是以聖人無為故無敗，無執故無失。民之從事，常於幾成而敗之，慎終如始，則無敗事。是以聖人欲不欲，不貴難得之貨。學不學，復眾人之所過，以輔萬物之自然，而不敢為。」

解讀

　　因為作官兒的我遇見過「鼓風的麻袋及鼓風的竹筒」，所以我「莫知」要成就緩衝（水磁）的話，得使安定的時候容易維持，使還未發生的徵兆的也容易事先籌謀，如果選擇脆弱的比較容易溶解，如果選擇細微的粉末比較容易散開，這些都是要達成緩衝這種「自然」現象的好條件。想達成緩衝這種「自然」現象的話，就得事情還沒發生就預防，還沒造成變亂就治理。要知道需要大家圍起來才能抱住的巨木，生出來的時候只是微小的樹芽。堆積最高的土壇也要從第一堆泥土堆起。要走千里路的人類也得踏出第一步，這些都是有充分緩衝的例子。

　　不能以「不言之教」光靠耍嘴皮，想要取得民心是不能成功的。執著以語言演講之教來取得民心的，我看是會失敗的，因為像這樣是沒有緩衝這種「自然」現象的。作官兒的我行「不言之教」，所以不會失敗。不執著以語言演講之教來取得民心，所以沒有損失。

　　為人民做事情常常幾乎快要成功但是最後卻失敗了，假使他們把結束時就像開始時一樣小心謹慎，就不會失敗的。因為緩衝（水磁）是「鼓風的麻袋及鼓風的竹筒」和我們人類所共有的，所以作官兒的我所想的是「無欲」，不希罕難得的財貨。不作學問，只珍貴「水磁」的緩衝，改正眾人的過錯，以輔佐緩衝這種萬物的「自然」，使得眾人不敢胡作非為。

　　西晉王弼本的注解《道德經》是公認比較接近老子思想的本意，這個註本在這一章說「以輔萬物之自然」，被戰國時代的法家韓非子在《喻老》改成「恃萬物之自然」。原來自然是行不言之教的「無為」來輔佐的，包括「夷」、「希」、「微」、「無味、「無欲」、「莫知」，及跟眾人所有的毛病一樣沒有什麼特別，但是韓非子卻改成有了自然就會有「無為」，也就是自然不能被「無為」輔佐只能產生「無為」。從這一點應該可以看出老子所謂的自然是什麼？應該不只是西方講的 nature 吧！

　　這一句「其未兆易謀」的意思是，還未發生的徵兆容易知曉而籌謀，這是憑現代科學不容易控制的現象，如颱風、地震、海嘯等天災，甚至於氣候，因為西方數學是平面數學，而老子所傳承的是中國的象數，特別是他遇見 UFO 後「莫知」的與 UFO 相處的緩衝（水磁），兩者所依憑的立場不同，所以應用的範圍也不同。但是西方科學 150 年來的成就是有目共睹的，也許今後宜從發展象數着手。

　　古希臘吟唱詩人赫拉克利圖斯（Heraclitus）在演唱的詩篇第 51 篇主張語標說：「弓或里拉琴（一種小豎琴）的背後，能使弓或琴產生協調」。這個說法和本章老子的緩衝一致，有了緩衝才能產生協調。老子更進一步在《道

德經》77 章說明「天之道，其猶張弓與」，可見老子比同時代的赫拉克利圖斯想法要高明的多。

《道德經》17 章：

太上，下知有之。其次親而譽之，其次畏之，其次侮之。信不足，焉有不信焉。悠兮其貴言，功成事遂。百姓皆謂我自然。

解讀

「大一」（或者是「太一」）是在宇宙之上，在下面的「鼓風的麻袋及鼓風的竹筒」和人類是知道祂的存在的。人類開始是想親近及讚美祂，接著又畏懼祂，後來又後悔沒能接近祂。我這樣子講也許會使人類不相信我的話，但是人類真能不相信我嗎？我悠哉悠哉的說出珍貴的語言來讓大家明白，這樣辦事才能成功事情順遂。老百姓都說我「自然」會是這樣子的。

老子在 3 章講的「無知」就是「莫知」，也就是 17 章的「下知有之」的「知」。

《道德經》23 章：

希言自然。故飄風不終朝，驟雨不終日，孰為此者，天地。天地尚不能久，而況於人乎。故從事於道者，道者同於道；德者同於德；失者同於失。同於道者，道亦樂得之；同於德者，德亦樂得之；同於失者，失亦樂得之。信不足，焉有不信焉。

解讀

聽而不聞名曰「希」，「希」起「自然」，平常聽到颳起風來不會整個上午都颳，也有停止的時候，平常聽到下雨聲也不會整天下雨，也有雨停的時候。是什麼力量能使祂這樣？答案是天地。由於我看過「鼓風的麻袋及鼓風的竹筒」飛行的事件，所以我想這個天地變化本身還不能恆常久存，何況人還能夠常存嗎？一個人假使知道「大一」流出水磁經過萬物之經，再流入萬物之母，跨越「德」的門檻而到達方位，應該曉得萬物之經的道理，也曉得萬物之母跨越「德」的門檻的道理。不知道這個道理的人跨越不了「德」的門檻，而變成「餘食贅行」或「盜夸」。也許使你不足以相信我講的，但是你真能不相信我嗎？

《道德經》25 章：

有物混成，先天地生，寂兮寥兮，獨立不改，周行而不殆，可以為天下母。吾不知其名，字之曰道。強為之名曰大，大曰逝，逝曰遠，遠曰反。故道大，天大，地大，王亦大。域中有四大，而王居其一焉。人法地，地法天，天法道。道法自然。

解讀 A

有一種「物」生成了，可能這個「物」是比天地更早生成的，祂很寂靜地在空中飛行，獨立自在，降落到地面是像女性生殖器的形狀。我不知道祂的名，如果要給個字就叫做「道」。這個會飛的「物」是很大的，一下子就飛得不見了，飛到很遠的天空，但是又能夠反飛回來。所以比起來「道」大，「天」大，「地」大，這個會飛的「物」也不小，當然周天子名義上在人間最大。也就是境內有四大，周天子佔其中一個。所以人要效法「地」，「地」要效法「天」，「天」要效法「道」，「道」要效法「自然。」

解讀 B

天地生成之前是混沌不清的。混沌不清是很孤獨的，自個兒運作，循行不止沒有危險，可以作為天下萬物之母的根源。我不知道祂的名字，就叫祂作「道」。到了萬物之母匯集強大的水磁，但是水磁漸漸分成支流。支流流到遠方，也會反過來逆流到上面，這就叫做「反」。這樣說來「大一」會累積成大的水磁，而造成天也大，地也大，連萬物之母的王也大。在這四種大中，王居其中一項。所以說人效法地，地效法天，天效法「大一」的水磁，自然通道之所以暢通而使「大一」生水磁，是因為磁激發了自然通道的緣故。

本章是從「道」向「德」推進的，所以有強大的「反」足以讓鼓風的麻袋及鼓風的竹筒飛行。

《道德經》51 章：

道生之，德畜之，物形之，勢成之，是以萬物莫不尊道而貴德。道之尊，德之貴，夫莫之命而常自然。故道生之，德畜之。長之育之，亭之毒之，養之覆之；生而不有；為而不恃；長而不宰。是謂元德。

解讀

從「大一」迴漩流出水磁，經過萬物之母的前半部超越到「德」的門檻，再超越後半部到位，所以萬物有靈沒有不尊「道」而貴「德」的。萬物有靈從「道」接受的水磁，超越鬼神再迴漩進入「德」的門檻，經過陰陽、四時、濕燥、寒熱等介質使物形和魍魎到達方位就叫做「自然」。所以「道」迴漩流出水磁，「德」的門檻讓超越而來的水磁到位。讓物形和魍魎生長哺育，使祂安定及經得起痛苦的折磨，養育祂並包容祂；生下來不據為己有；作了事也不堅持己見；成長了也不作它的主宰。這就叫做元德。

這一章主要在定義「自然」和說明萬物有靈。有關「元德」在《道德經》中另提過兩次，大概是因為王朝之亂使老子東奔西走，致使編《道德經》的時間拖得很長，也許有好十幾年，所以有些內容重覆了也未修改，也許老子認為沒有必要改。後人不易了解《道德經》而對《道德經》產生許多臆測，筆者認為是因為沒有設身處地考慮老子當時背景的關係。

想來老子編《道德經》是想到哪裡就編到哪裡，也許並沒有後世註解的章節之分，我們知道古人文章沒有標點符號，以「元德」為例，就出現在《道德經》的不同 3 章，這 3 章的前後句子不見得一致，也不是老子給元德不同的意義。好在元德不是《道德經》的重點，重點是在水，也就是水磁。筆者認為若不是晚近《大一生水》簡帛出土，真不知道要怎麼理解《道德經》。

《道德經》65 章：

古之善為道者，非以明民，將以愚之。民之難治，以其智多。故以智治國，國之賊；不以智治國，國之福。知此兩者亦稽式。常知稽式，是謂元德。元德深矣遠矣，與物反矣。然後乃至大順。

解讀

古人知道自然通道潺湲流出的水磁，流向萬物之母還是穩定的。衪的魍魎並不是要使人民聰明，反而要人民無知。因為人民之所以難治，是由於他們講求智謀。因此以智謀治國是國家的不幸；不以智謀治國是國家的幸福。懂得這兩種情形而知所選擇，選了善良的就叫做元德。有了既深且遠的元德，就能與物以相反的方向像飛禽一樣飛了起來，接著很順利的翱翔。

在 25 章及 65 章之中，提到與遠或物相對的強大動力「反」，筆者認為老子相信應用這種「反」的動力，就能夠使想法昇華，或者像鼓風的麻袋及鼓風的竹筒飛行。

三 . 淵谷與道

《道德經》6 章：

　　谷神不死，是謂元牝，元牝之門，是謂天地根。綿綿若存，用之不勤。

解讀

　　在我遇見那會飛的「鼓風的麻袋及鼓風的竹筒」的淵谷裡，有一個像女性生殖器形狀的門，使得我不知不覺地走進去，門口那邊是天地的根源。祂裡面的靈作為「器」而能讓我「夷」、「希」、「微」到的意義連綿不絕而來，作官兒的我「用」起來不必勤勞也能收到成果，因為祂們與做為人類的我們之間有緩衝，也就是有「水磁」存在。

　　張道陵《想爾注》把《道德經》第 6 章說成房事的解剖和仙壽。「元牝之，天地根。」解釋成「牝，地也，女像之。陰孔為門，死生之官也，最要，故名根。男茶亦名根」，「精結為神，欲令神不死，當結精自守」。又說「男欲結精，心當像地似女」。此外，張道陵把《道德經》61 章的「牝常以靜勝牡。以靜為下」拿來應用說女的姿勢在下面。但是他為什麼要教人房事呢？他說「道重繼祠，種類不絕，欲令合精產生，故教之」。所謂道重視傳承，也就是現代講的物種多樣化。他繼續說「年少微者不絕，不教勤力也。勤力之計出愚人之心耳」，對少年人不教他慇懃於這事。「上德之人，志操堅彊，能不戀結產生，少時便絕」。上德的人有志修所謂道。「又善神早成，言此者道精也；故令天地無祠，龍無子，仙人無妻，玉女無夫，其大信也」。天地間有傳承但是沒有祠堂，或許這是張道陵看到 UFO 後講出的實在話，但是作官的老子不但遇見 UFO，說不定還到裡面盤旋多時，他們兩人事後的反應如此不同。他又說「能用此道，應得仙壽，男女之事，不可衍勤也」。能用所謂的這個道就可以得到仙壽。

《道德經》15 章：

　　古之善為士者，微妙元通，深不可識。夫唯不可識，故強為之容：豫焉若冬涉川；猶兮若畏四鄰；儼兮其若容；渙兮若冰之將釋；敦兮其若樸；曠兮其若谷；混兮其若濁。孰能濁以靜之徐清，孰能安以久動之徐生。保此道者不欲盈，夫唯不盈，故能蔽不新成。

解讀

　　古時候善於作士的人，因為知道萬物之經及萬物之母的奧妙，也通達作人的道理，讓人深邃不可辨識。因為不可辨識，所以需要加把勁兒才能形容祂是這樣子的：就像冬天涉過冰川走不動的樣子；偷偷摸摸的好像怕鄰居看到；容貌莊重嚴肅；煥然明亮就像堅冰正要溶解一樣；和藹可親生活過得很樸素；度量卻像充滿了水磁的萬物有靈、鬼神和未進入「德」之前的淵谷；又平易得很像混濁的溪流。但是那鼓風的麻袋及鼓風的竹筒從飛行中，慢慢停下來，以至於靜止不動。那鼓風的麻袋及鼓風的竹筒又漸漸的動了起來，緩緩的飛了出去。只有當「大一」迴漩流出水磁通順的時候，這種人作事不要求盈滿，也唯有不要求盈滿，才能做到舊的照樣使用而不企求新的才用。

　　《道德經》第 6 章老子才談 UFO 不久，恐怕意猶未盡，在第 15 章他要描寫一下遇到 UFO 的心情，順便重覆 UFO 的動態。

　　老子説古代作士的人，萬物之母前半部（萬物有靈、鬼神和未進入「德」之前的淵谷）充滿了水磁，但是一旦進入萬物之母的後半部，經過「德」的門檻而到位，這種人不求新的，拿舊的來用照樣可以作得很好。假使進不了「德」的門檻而在外徘徊，就會變成消化不良腫脹阻塞，或者與壞人的奢侈結成幫派。一旦進入了「德」的門檻，經過陰陽、四時、濕燥、寒熱就可以到位了，也就是説事情辦得通順。似乎水磁在萬物之母的前半部與後半部是互相消長的。水磁在前半部越充盈，後半部就不求全新的來作也能到位。反

之水磁在前半部不充盈，後半部即使苛求全新的來作也不能成功。

《道德經》41 章：

上士聞道，勤而行之；中士聞道，若存若亡；下士聞道，大笑之。不笑不足以為道。故建言有之：明道若昧；進道若退；夷道若纇。上德若谷。大白若辱；廣德若不足；建德若偷；質真若渝；大方無隅。大器晚成。大音希聲；大象無形。道隱無名。夫唯道，善貸且成。

解讀

如果上等士人聽到了我遇到的「鼓風的麻袋及鼓風的竹筒」的故事，就會勤勉地力行我的教誨；中等士人聽到了這個故事就會不置可否；下等士人聽到了這個故事就會大聲嘲笑我，他們以為不嘲笑我就不足以為假道學。因為社會可能的反應是這樣的，所以我獨立孤行生怕講這事會影響我的前途。所以假使聽我的話的話，那就是聽說到「鼓風的麻袋及鼓風的竹筒」這個故事要假裝沒聽說過；如果像我進入過「鼓風的麻袋及鼓風的竹筒」的人要小心，在社會上講話要像走在崎嶇不平的路上謹慎不隨便透露給人家聽。假使要自己建立「德」的魍魎使得像山谷一樣深邃，要清清白白地準備隨時受人家的污辱；樹立廣大的善行時要像沒做善事一樣；要默默建立美德；要使質樸遍布各地；即使有廣大的空間供你使用卻好像沒有角落一樣的坦然。像這樣聽我說過「鼓風的麻袋及鼓風的竹筒」這個「器」的人雖然相信這個故事，但是這個故事的「用」卻注定要很晚才能得到成就的。就像很大的聲音卻聲音稀疏；龐大的無狀之象卻是無形的。我遇到的「鼓風的麻袋及鼓風的竹筒」是沒有名的，唯有遇到在祂裡面的外星生物才能得到寬恕而彼此往來。

老子在世時究竟有多少人相信他遇見「鼓風的麻袋及鼓風的竹筒」的故事？我們不得而知。但是他應該是單獨遇見 UFO，因為從許多現代遇到 UFO

的例子來看，UFO 似乎不喜歡介入人類的敵我戰爭。憑 UFO 先進的文明也許可以掌握人類的活動，也許是人類過於好鬥，不符合星際探險。

　　從地球生物演化的過程，我們知道鱷蜥或恐龍化石的年代早於猿猴以及人類，這些物種的後代演化後，有可能創造出比我們先進的文明。

《道德經》32 章：

　　道常無名，樸雖小，天下莫能臣也。王侯若能守之，萬物將自賓。天地相合以降甘露，民莫之令而自均。始制有名，名亦既有，夫亦將知止，知止可以不殆。譬道之在天下，猶川谷之於江海。

解讀

　　如果以水的通路來講，作官兒的我治水的方法是「莫知」地以川谷制約洪水流向大海。這川谷雖然小，但是普天下沒有它是不行的。王侯如果能遵守這種治水的方法，萬物將欣欣向榮。這時候天地相配合降下甘霖，也不必向老百姓斂財而能使他們日子過得去。開始要制約洪水得有個名，既然師出有名，也就是要實行制約洪水，「莫知」而能制約才不會有危險，要不然故意要制約的話才真的危機呢！所以說在這邊的「道」是川谷的意思。

　　老子在這章提出治水的方法可能比大禹治水進步。他遇見 UFO 後發現 UFO 的靈的文明比人類進步，人類的真「知」其實是「莫知」，所以他要提倡後者。但是人類自以為是萬物之靈，因此老子的「莫知」具有特殊意義。

　　至於老子的「道」終於明白只是自然流程之中的一個關鍵點，就像道路的十字路口。沒有它就不能自然，一如沒有川谷的蓄養，洪水就會氾濫成災，直接流入大海去。

　　老子是在洛陽地區作官兒，附近最大的河川是黃河。

《道德經》39 章：

　　昔之得一者，天得一以清，地得一以寧，神得一以靈。谷得一以盈，萬物得一以生，王侯得一以為天下貞。其致之。天無以清將恐裂，地無以寧將恐發，神無以靈將恐歇，谷無以盈將恐竭，萬物無以生將恐滅，王侯無以貴高將恐蹶。故貴以賤為本，高以下為基。是以王侯自謂孤寡不穀，此非以賤為本邪。非乎。故致數輿無輿。不欲琭琭如玉，珞珞如石。

解讀

　　我在淵谷裡遇上在天地之間飛行的「器」，祂對我很友善，所以我知道假使大家能跟我的想法一致的話，天就能夠清澈，地就能夠安寧，鬼神就能夠靈驗。淵谷就能夠注滿無形的「水磁」，使得萬物有緩衝的地方。即使黃河的大洪水氾濫，萬物就得以生存，王侯因此就得以表現出愛護老百姓的情操。就是因為我遇到「鼓風的麻袋及鼓風的竹筒」這個「器」和裡面的靈才有這樣的想法。假使天不晴朗恐將打雷下大雨，地不安寧恐將發生地震，神明不靈驗恐將成為無用。淵谷沒有水磁恐將氾濫，萬物不能生存恐將滅絕，王侯沒辦法變得高貴恐將沒人擁護。所以王侯的顯貴要以低賤為根本，高位要以低位為基礎。因此王侯是自己稱呼自己為孤寡而且不能種莊稼的人，這不就是需要以低賤為根本嗎？難道不是這樣嗎？這就好像沒有馬車代步但其實王侯是不知不覺的在使用好幾輛馬車。不然的話就如同琭琭的玉石或珞珞的小石子一般，具體得每一顆玉石或石塊都算得清清楚楚，而不是順其自然。

　　「萬物」除了在39章和76章指的是萬物外，《道德經》其餘各章以及《大一生水》的「萬物」指的是萬物有靈。

　　老子在這一章的結尾的意思可能是，水磁在人間的運作應該是順其自然，

不是算計得清清楚楚，這和後世的科學講求算得一清二楚正好相反。因為這一章老子講的「一」，是在宇宙以至於天地到王侯之間的事，所以像沈括講的「數」不必計較得清清楚楚。所以今天電腦的平面計算能力的進步，並不能適用於這一章。

《道德經》66 章：

江海所以能為百谷王者，以其善下之，故能為百谷王。是以欲上民，必以言下之。欲先民，必以身後之。是以聖人處上而民不重。處前而民不害。是以天下樂推而不厭。以其不爭，故天下莫能與之爭。

解讀

作官兒的人要像江河海洋一樣，在川谷之下承接流水，所以能成為百谷之王。所以想要作人民頭上的職位，必須謙虛地說在下面支持人民。想要領導人民，就得作人民的後盾。因此作官兒的人位居人民的上頭人民也不會感到負擔沉重。作人民的後盾而在前面領導，人民也不怕受到傷害。所以天下的人樂於推崇這位而不厭倦。即使這位作官兒的人不主動爭取高位，天下的人沒有能爭得過他的。

《道德經》34 章：

大道氾分其可左右。萬物恃之而生而不辭，功成不名有。衣養萬物而不為主。常無欲，可名於小。萬物歸焉而不為主，可名為大，以其終不自為大，故能成其大。

解讀

「大一」迴漩流出水磁是可以調節的。萬物有靈自發地運作起來而且不辭退，成功了也不會居功。萬物有靈只會自發運作而不會操縱別人，所以是

無欲的，可以給個名叫小。因為萬物有靈回頭來只會歸屬而不會喧賓奪主，這時候可以把它叫做大，因為它終究不自稱為大，所以能成為適當的大小。

　　這一章把萬物有靈的無欲性質講得清楚。關於「德」的門檻進不進得去或只是徘徊在鬼神之間，老子有這樣的說法。

《道德經》77 章：

　　天之道，其猶張弓與。高者抑之，下者舉之；有餘者損之，不足者補之。天之道損有餘而補不足；人之道則不然，損不足以奉有餘。孰能有餘以奉天下。唯有道者。是以聖人為而不恃，功成而不處，其不欲見賢。

解讀

　　老天的道理就像拉緊了弦的弓上之箭，把弓抬得過高了便壓低，把弓壓得過低了便抬高；把弦繃得過長了便再減短些，而弦繃得過短了反而要再增長些，這樣才有張力，箭才射得出去。老天的道理是減短過長的部分補足過短的部分，然而就人與人之間來講就不一樣了，那是減短不足的部分增加過長的部分。什麼人能以有餘補足天下之不足？只有像我這樣知道「鼓風的麻袋及鼓風的竹筒」的事的人才能夠。因此作官兒的我，作了事也不自持己見，成功了也不居功，也不是故意要人家知道我的賢能。

《道德經》16 章：

　　致虛極，守靜篤。萬物並作，吾以觀復。夫物芸芸，各復歸其根。歸根曰靜，是謂復命。復命曰常，知常曰明。不知常，妄作凶。知常容，容乃公，公乃王，王乃天。天乃道，道乃久。沒身不殆。

解讀

　　胸懷「大一」的水磁暢通無阻，萬物之母的水磁在地面安靜穩重的流著。萬物生生不息，我可以藉由觀看牠的循環。芸芸眾生和萬物，回歸到牠那安靜穩重的根基。回歸到跟基是安安靜靜的，也叫做循環到生命裡。循環到生命裡是水磁的常態，水磁能保持常態。才能夠使萬物和生命明朗地活著。不知道使水磁保持常態而流通的話，是有發生阻塞的危險，使得「器」與「用」無法運作。如果作官兒的人能保持公正，自然就能夠升作公卿，作了公卿，就可以作為王侯了。但是上頭還有天地，天地之上還有「大一」及自然通道，自然通道裡的水磁是永久的，我就是沒有了身軀也沒有危險。

　　本章是從人間討論到上天，可說是從「德」到「道」，與25章的「道」到「德」是不同的。因此「反」、「沖」或「用」等能使鼓風的麻袋及鼓風的竹筒飛行，或者是能配合器物使用的「用」，在本章反而形成了阻塞危險的「凶」字。所以分別「凶」與「用」字要從「自下到上」與「自上到下」來辨別，這是不能不注意的地方。而且「反」與「沖」的能量足以使物體飛行、浮起或磁超越。

　　萬物有靈在這裡扮演水磁循環的重要一站。

四 . 大一生水

《道德經》8 章：

　　上善若水。水善利萬物而不爭，處眾人之所惡，故幾於道。居善地，心善淵，與善仁，言善信。正善治，事善能，動善時。夫唯不爭，故無尤。

解讀

　　「水磁」的緩衝能力是天下萬物所不可或缺的，它不跟靈或人類及萬物爭，常在需要的地方找得到，所以可說是接近於流水自然流向川谷灌溉農田，而不直接流到江河海洋以達到緩衝的目的。有了「水磁」人類才能選擇好地方住，心地才能像淵谷一樣不計較，才能與善人相處，說話才能守信用。能正面治理國家，做事能幹，在適當的時節帶領人民勞動。只因為緩衝是不跟人家爭的，所以不會招惹人家的嫌惡。

　　「處眾人之所惡」的「惡」字是語助詞，並不是壞的意思。本章是具體地解釋「水磁」的緩衝作用。得仙壽，男女之事，不可衍勤也」。能用所謂的這個道就可以得到仙壽。

《道德經》76 章：

　　人之生也柔弱，其死也堅強。萬物草木之生也柔脆，其死也枯槁。故堅強者死之徒，柔弱者生之徒。是以兵強則不勝，木強則兵，強大處下，柔弱處上。

解讀

　　自從我遇見「鼓風的麻袋及鼓風的竹筒」這個「器」，與我這位作官的人的「用」「磁化」後，我才知道人一生下來是柔弱的，但是人一死了不論是蓋棺論定還是身軀都變僵硬。萬物草木也是生出來的時候柔弱死亡了變枯槁。所以說堅強是趨於僵硬死亡，柔弱則變成軟容易生存。打仗的時候用兵逞強反而不能取勝，這就像樹木長得強壯僵硬反而易招來砍伐之災一樣。強

壯僵硬的位於下面，柔軟容易生存的位於上面。

《道德經》78 章：

　　天下莫柔弱於水。而攻堅強者莫之能勝，以其無以易之。弱之勝強，柔之勝剛，天下莫不知，莫能行。是以聖人云受國之垢，是謂社稷主；受國不祥，是為天下王。正言若反。

解讀

　　天下沒有比「水磁」更柔弱的。如果讓「水磁」進攻堅強的堡壘的話，因為「水磁」雖然柔弱，但是能持之以恆而攻克，所以是沒有可以取代的。由此觀之，弱者勝過強者，柔者勝過剛者，這是天下的人沒有不知道的，但是作起來卻不容易。所以作官兒的人能承受國家難堪的污辱的話，就能夠作社稷的主人。為了承受國家的災禍，反而願意委曲求全，這樣的人才能作天下的王者。這是從正面講，反過來講也是一樣。

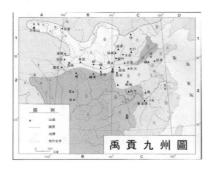

禹貢九州圖
www.cskms.edu.hk

〈大一生水〉原文

　　大一生水。水反輔大一，是以成天。天反輔大一，是以成地。天地復相輔也，是以成神明。神明復相輔也，是以成陰陽。陰陽復相輔也，是以成四時。四時復相輔也，是以成寒熱。寒熱復相輔也，是以成濕燥。濕燥復相輔也，成歲而止。故歲者，濕燥之所生也。濕燥者，寒熱之所生也。寒熱者，四時之所生也。四時者，陰陽之所生也。陰陽者，神明之所生也。神明者，天地之所生也。天地者，大一之所生也。是故大一藏於水，行於時。周而又始，以己為萬物母；一缺一盈，以己為萬物經。此天之所不能殺，地之所不能厘，陰陽之所不能成。君子知此之謂道。

　　下，土也，而謂之地。上，氣也，而謂之天。道也其字也，請問其名？以道從事者必托其名，故事成而身長；聖人之從事也，亦托其名，故功成而身不傷。天地名字並立，故過其方，不思相當。天不足於西北，其下高以強；地不足於東南，其上低以弱。不足於上者有餘於下，不足於下者有餘於上。

　　天道貴弱，削成者以益生者；伐於強，責於堅，以輔柔弱。

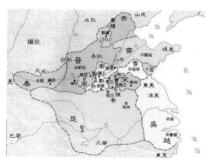

春秋 時代 地圖
www.tgljw.com

五．老子與知心術

《道德經》21 章：

　　孔德之容，惟道是從。道之為物，惟恍惟惚，惚兮恍兮，其中有象；恍兮惚兮，其中有物。窈兮冥兮，其中有精。其精甚真，其中有信。自古及今，其名不去，以閱眾甫。吾何以知眾甫之狀哉，以此。

解讀

　　各種「德」的面貌是唯有「水磁」的「道沖」這種緩衝作用在運作才有效，「水磁」的「道沖」就像洪水拐個彎流向川谷使得緩衝作用發生，灌溉滋潤萬物生長的農田，然後再流入大河流向海洋。也可以像大江氾濫的時候，洪水流入湖泊讓洪水有緩衝的地方，然後流入大江到海洋。「水磁」的「道沖」作為「物」是恍恍惚惚的。就是因為有「象」，所以才像「物」。這個「物」看起來苗條又昏暗，但是其中有精神，這個精神是真的，其中有可信賴的地方。從古時候開始到現代，「道沖」的名一直存在，用以觀察每一個人類。我怎麼會知道人類是這樣子呢？就是根據觀察「水磁」的「道沖」來的。

　　如果不是講「夷」、「希」、「微」這些感覺，而是講「德」的話，筆者認為老子遇見「鼓風的麻袋及鼓風的竹筒」的經驗，所發出「青藍光華」的物體是在講「德」的前頭。而這種「青藍光華」（blue glowing）跟據 Wilhelm Reich 以原生動物、草、沙、鐵、動物組織，再加上鉀和動物膠一起煮沸，再以本生燈將這種物質燒至白熱化，產生介於生命及非生命之間，得到的「青藍光華」物質，命名為「bion」。「青藍光華」是恍惚的。就形狀而言「青藍光華」是有「象」的。就這個「象」而言「青藍光華」是有物的。而下游的「德」是幽幽的但是有精華在其中，這個精華是真的而且可以相信。自古以來「道」一也就是緩衝或「水磁」的名一直存在。

　　心理分析大師佛洛伊德（Freud）於 1916 年，在維也納與愛因斯坦會面，當時愛因斯坦已發表了特殊先進相對論以及一般相對論。他們於愛氏家裡與

同是猶太人的當代知心術高手梅辛（Wolf Messing, 1899~1974）見面，梅辛後來旅居前蘇聯成為特異功能人士。當年梅辛才 17 歲，三人曾有過一次知心術實驗。此外，梅辛預測愛因斯坦 1921 年將獲得重要獎項，後來預言成真，愛因斯坦獲得諾貝爾物理獎。

　　佛洛伊德本來就從心理分析和開業所得到的病例了解到知心術，後來他遇到梅辛讓自己的想法在別人身上證實這件事。其實我們人類只要環顧寵愛的動物與我們之間的相處，就能夠了解知心術，只不過彼此之間的溝通不使用人類之間使用的雙向語言，而是用知心術。佛洛伊德在 1922 年建立了第一個使用知心術的心理分析門診，他的弟子 Wilhelm Reich 成為第一位臨床助手。

精神分析之父 佛洛伊德 1856 － 1939
www.myoops.org

知心術 梅辛 1899-1975
www.autoresespiritasclassicos.com

Wilhelm Reich 是佛洛伊德的得意門徒，他們兩人同為猶太人，Wilhelm Reich 於 1922 年從事心理分析師後，不久加入在維也納的心理分析診所行醫。他認為性壓抑是普通人的道德觀和社會經濟狀況引起的，由於性壓抑是精神症的原因，所以他認為最好的療法是沒有犯罪感的性生活，而要達到這種狀況唯有改良被壓抑者的經濟結構。1930 年他到柏林行醫同時加入共產黨，他出版《性革命》一書主張避孕、墮胎、性教育。他認為法西斯主義者是性壓制者，時值納粹黨興起而被驅逐出境。他到北歐避難的幾年期間，做實驗研究生命的起源，在這期間他做了「青藍光華」的研究，1938 年於挪威奧斯陸出版《生命起源的 bion 實驗》。

Wilhelm Reich 於 1939 年到美國發展，他設計一種把 bion 收集成 orgone 能放出能量的收集器，以便治療癌症和其他疾病，向食品藥物管理局申請許可。可能他曾經是共產黨員，又逢麥卡錫參議員的反共恐怖迫害，再加上主流科學不相信他的那一套，他最後被判刑兩年，1956 年死於監獄中。

或許是由於 Wilhelm Reich 的發現，Semyon Kirlian（1898~1978）於 1939 年發展出一種攝影方法，可以捕捉到類似「青藍光華」的影像，叫做 Kirlian photography（克里安照相術）。複印機（xerox）影印獲得影像就是採用類似的原理。這種影像周邊有影子，因而類似「青藍光華」的影像，只是當時還不知道這種關係因何而來。

1969 年，美國阿波羅（Apollo）11 號宇航員首度登陸月球，此後人類開始使用數碼相機。之後，阿波羅 12 號的宇航員於月球上的數碼相機攝影，顯示出不論是物體或宇航員四周都有「青藍光華」圍繞着。以數碼相機從月球拍攝地球，後者也顯示出「青藍光華」。

六. 老子與自由聯想

　　20 世紀心理分析（psychoanalysis）大師佛洛伊德，創立「自由聯想」（free association）的心理分析方法，應用於精神疾病治療而聞名於世界。筆者正是採取這個方法推論撰寫本書。

　　佛洛伊德年輕時曾到法國學習催眠術治療精神疾病，但是因為病人被催眠以後就把思想關閉了，只能機械式地回答催眠師的問題，並不能講出心中的想法，所以佛洛伊德轉而研究開創能使病人自願説出心中想法的療法，進一步提出「自由聯想」心理分析方法。

　　佛洛伊德名著的理論是潛意識（unconsciousness）和心理壓抑，他認為人的潛意識是由本我（id）、自我（ego）及超我（superego）構成，幼兒的心理壓抑是成年的精神疾病的來源。他發現希臘神話之中有伊底帕斯的故事（Oedipus Rex）。這個故事是王子狂戀他的母親，因此殺死生父，事後被歸因於他妒忌自己的父親，佛洛伊德根據他的精神病例和他的考證，再加上佛洛伊德自己的親身經驗，在精神病學上創造了戀母情結（伊底帕斯情結 Oedipus Complex）這一名詞。

　　佛洛伊德研究幼兒的心理發展，發現從 0~2 歲是口腔期（oral phase），2~4 歲是肛門期（anal phase），4~7 歲是陰莖期（phallic phase），7~12 歲是潛伏期（latency period），13 歲以上是生殖期（genital phase）。戀母情結是發生在 2~7 歲的時候，在潛伏期時逐漸把以前心理發展過程的慾望，因不能滿足受到壓抑而產生精神症狀加以昇華面對現實，直到長大成人。

　　不論是老子遇見天地之間的「橐籥」（飛碟）像女性生殖器，或是佛洛伊德的心理分析，或者是史作檉所講的生殖器是感覺的來源，都把生殖器列入重要「器」，尤其前兩位強調女性生殖器，也都列入他們的論著，由此可見得生殖器對人類以及其他生物都很重要。

　　後來德國納粹政權迫害猶太人，佛洛伊德流亡英國，他於過世前一年出版了最後一本著作《摩西和一神教》，在這本書中他考證摩西（Moses）是古埃及 18 代法老 Akhenaton（西元前 1351~1337）時代的僧侶。

Akhenaton 將古代的多神教崇拜，改革成單一神崇拜太陽神阿頓（Aton-Ra）的宗教，排除了傳統祭司，法老王本身是人民與神的唯一中介。同時直接用太陽神主使法老的心（heart）和舌（tongue）的宇宙是「靜」的部分，而在社會層次就是聽（hearnig）只由接聽者接受命令，而傾聽（listening）是由有智慧者聽取後發布出來。其實這是法老統治子民的方式。為什麼心、舌、聽、傾聽跟古埃及後世的人的行為那麼不同？可能的原因是 5,000 年前全球大洪水，劫後餘生的古埃及人在集體恐怖之餘，除了以這個方法互相溝通之外，還沒有發現其他的辦法。建造巨大沉重的金字塔，亦有可能是擔心大洪水再度來襲的心理反應。

以現代的語言來講，法老的心與舌發布命令之後，是埋在充滿物資的空間（plenum）與真空（vacumn）的所謂宇宙「動」的時期，「靜」與「動」統稱為「一」。換句話說，也就是法老依心與舌發布命令，結合「動」的環境合稱為本質（nature）。在西洋，本質的意義與老子的「自然」意義上有些出入，或許我們將本質的進階—超本質，視做老子的自然比較妥當一些。

古希臘吟唱詩人赫拉克利圖斯（Heraclitus）的詩篇是利用語標（Logos）的唱詩方式，唱出他所想要講的話給人家聽，在古希臘還沒有書寫文字的時代，這是人類表達傳遞思想的方法。古希臘一直到了柏拉圖時代才有書寫的文字，因此柏拉圖的許多著作才得以流傳下來，包括蘇格拉底（Socrates, 西元前 469~399）的著作。赫拉克利圖斯的詩篇經由後人以文字記載下來的「一」（one）的意思，並非他的原意。他的原意 one 乃是指 Akhenaton 法老王把「靜」的心與舌先後成唯一，與「動」的充滿物資的空間與真空結合。

就赫拉克利圖斯的詩篇來說，他的本質的意義在第 54 節說「隱匿的 heart 與 tongue 成唯一，比起明顯的事務要和諧得多」；在第 123 節又說「本質喜歡隱藏」。老子的自然不但和諧而且並不隱藏。自然的意思在《道德經》11 章所說的「器」與「用」一致表達出來，當然這種一致不必解釋成古埃及的「一」。

中國遠古思想是 6,500 年前，軒轅氏黃帝繼承中國先民的思想傳承下來以迄今日。老子的思想也是這種傳承的一部分，再加上身為東周官員的身分，在動盪避禍中產生天文宇宙觀和治世哲理觀，筆者才推測老子是遇見 UFO 之後才編寫《道德經》和《大一生水》。

《道德經》13 章：

寵辱若驚，貴大患若身。何謂寵辱若驚？寵為下，得之若驚，失之若驚，是謂寵辱若驚。何謂貴大患若身？吾所以有大患者，為吾有身，及吾無身，吾有何患？故貴以身為天下，若可寄天下。愛以身為天下，若可託天下。

解讀

自從作官兒的我遇見「鼓風的麻袋及鼓風的竹筒」後，我就擔心如果沒想到緩衝（水磁）而被那裡面的靈寵愛或侮辱，都會使我驚慌，患得患失地生恐被祂們抬舉然後使我遭遇不測。什麼叫做寵辱若驚？我不論被祂們抬舉或侮辱都居於下風，因為得到抬舉我會驚慌，被祂們侮辱也會驚慌，這就叫做寵辱若驚。為什麼我患得患失地生恐被祂們抬舉然後使我遭遇不測？為什麼我會這樣想呢？這完全是因為我以前沒有緩衝（水磁）的經驗的關係。如果仔細想來我之所以害怕在「鼓風的麻袋及鼓風的竹筒」裡遭遇不測，是因為我有身體，假使我沒有身體的話，我還有什麼好害怕的呢？所以祂們抬舉我這位有身體的作官兒的人是以天下為出發點，把希望寄望在天下。看來祂們與我們都愛天下，所以可以信任我們。我們人類得與祂們在宇宙裡和平共存，這樣對大家才有利。

張道陵在《想爾注》將「吾所以有大患者，為吾有身，及吾無身，吾有何患？」的「吾」解釋為所謂道。但是老子的萬物之經到萬物之母的水磁，是從上到下流的，而張道陵的所謂道是從凡人變成仙人的路途，兩者方向有

別。也許張道陵看過 UFO 所以教人要修道成仙，他沒講老子的水磁流向。張道陵在該章解釋成仙方法是遵守所謂的道的戒律，「積善成功，積精成神，神成仙壽，以此為身寶矣」，如果「貪榮寵，勞精思，以求財，美食以恣身，此為愛身者也，不合於道也。」張道陵雖然把水磁的流向講反了，但是他還是依照西漢初期（西元前 179）實行黃老之治，主張的無為與無欲説法作為戒律。

「吾所以有大患者，為吾有身，及吾無身，吾有何患？」這句話似乎預言人在世間因功名利祿紛爭而患得患失的情形。但是我們也不必因為老子在 48 章説了「為道日損，損之又損，以至於無為」的話，就誤解如同婆羅門教或釋迦牟尼的佛教，要人家薰修證果之言的消極的話，而且老子在本章接下去説了「故貴以身為天下，若可寄天下。愛以身為天下，若可託天下。」這樣入世的話，這是老子一貫的作風，會説這種話沒有什麼好奇怪的。

《道德經》63 章：

為無為。事無事。味無味。大小多少，報怨以德。圖難於其易，為大於其細。天下難事，必作於易；天下大事，必作於細。是以聖人終不為大，故能成其大。夫輕諾必寡信。多易必多難，是以聖人猶難之，故終無難矣。

解讀

「大一」迴漩流出的水磁，流到萬物之母到位，就不必要有什麼作為。作起事來就好像沒作事一樣穩定。飲食不計較有沒有味道。不計較別人對我的傷害有多大，都要以德報怨。想解決困難的問題要從容易的開始，想解決大的事情要從細微的地方著手。因為難事必從容易的開始，大事必從小事累積起來。所以人終究不故意要作大事，而能成就大事。不守諾言的人必定不為人家信任，作了太多容易作的事一定會遭遇很多困難。因此連作官的人也會遇到難題，但是最後終於能解決而不再有困難了。

《道德經》7 章：

　　天長地久。天地所以能長且久者，以其不自生，故能長生。是以聖人後其身而身先，外其身而身存，非以其無私邪，故能成其私。

解讀

　　天地間有「水磁」，所以有緩衝的作用。我遇見的「鼓風的麻袋及鼓風的竹筒」和裡面的靈之所以由來悠久，是因為祂一直是那樣，所以能長生。作官兒的我也學「鼓風的麻袋及鼓風的竹筒」和裡面的靈的緩衝，領導人民作為人民的後盾，為了人民捨身於度外而與人民共生存。這並不是因為我沒有自私的念頭，情勢倒反而能促成我達到自私。

《道德經》9 章：

　　持而盈之，不如其已。揣而梲之，不可長保。金玉滿堂，莫之能守。富貴而驕，自遺其咎。功遂身退天之道。

解讀

　　有了老天的緩衝，即使拿桶子裝了水就覺得可以了，也不必盈滿。如果拿木棒削得又尖又細，也不能常保銳利。有了滿屋子的金玉，也不見得守得住。因為富貴而驕傲，是會招致責備的。所以老天的緩衝能使事功完成，使得作官兒的我全身而退。

　　因為老天的「水磁」使 UFO 及其靈「磁化」，而人類如果也能從老子的「不言之教」，也就是「無為」學到緩衝的話，也能夠被「磁化」。

《道德經》22章：

　　曲則全，枉則直，窪則盈，敝則新。少則得，多則惑，是以聖人抱一為天下式。不自見，故明；不自是，故彰；不自伐，故有功；不自矜，故長。夫唯不爭，故天下莫能與之爭。古之所謂曲則全者，豈虛言哉。誠全而歸之。

解讀

　　自從我遇見「鼓風的麻袋及鼓風的竹筒」後，才知道裡頭的靈行事有能力跟我們配合。譬如說彎曲的可以弄直，一窪水補充也能夠盈滿，殘舊的可以更新。但是對我來說物質少量就夠了，多了反而使我感到迷惑，所以作官兒的我儘量契合靈行事以作為天下人的模範。我的辦法是「視而不見謂之夷」，所以能弄明白；雖然是對的但不主張自己是對的，所以我的主張得以彰顯；不主動爭取功勞，功勞也會算我的。不自我矜持放不開，所以能任勞任怨。因為我不跟人家爭，所以天下沒有人能爭得過我。古時候像「鼓風的麻袋及鼓風的竹筒」裡頭的靈，行事跟我契合而能使彎曲變直，這可不是假話呢！要相信這事才對。

　　「一」就是從老子自從遇見UFO後想法算起，不妨說老子在《大一生水》所說的「萬物之經」起，到萬物之母的萬物有靈，經過鬼神超越到「德」的門檻，再以陰陽、四時、濕躁、寒熱而到達人的方位。

　　能作到「曲則全」也就是「枉則直，窪則盈，敝則新」，是因為自己能將彎曲的協調如同完整的一樣，一如「磁化」的作用，之所以能夠協調是因為「陰中有陽，陽中有陰」的關係。

《道德經》81 章：

信言不美，美言不信。善者不辯，辯者不善。知者不博，博者不知。聖人不積，既以為人，己愈有。既以與人，己愈多。天之道，利而不害，聖人之道，為而不爭。

解讀

中國士大夫之間交往拋棄不掉的習慣是面子問題，要是真的說誠信的話卻往往不會是美麗的話。要是說了美麗的話卻往往並無誠信。行善的人不需要辯論，愛辯論的人卻往往並非善良的人。能自知的人並不需要博學，博學的人卻往往不能自知。所以作官的我不求累積功勞，因為既然為人服務自己就會越來越得民心。既然給與人家好的政策自己就會擁有許多成果。老天的道理是有利於人類而沒有害處的，作官的我的道理是，即使自己為之也不會爭功。

老子騎牛圖
ap6.pccu.edu.tw

七. 器與用

《道德經》11 章：

　　三十輻共一轂，當其無，有車之用。埏埴以為器，當其無，有器之用。鑿戶牖以為室，當其無，有室之用。故有之以為利，無之以為用。

解讀

　　「器」與「用」是由緩衝（水磁）結合起來的。當匯集 30 根車輻到車轂當中作成一個車輪時，車轂需要有中空的地方才能作一個輪子，這樣才有車子的作用，而這個中空的地方就是緩衝。揉合陶土作成器皿自然必須留下中空的地方，才有器皿的作用，而這也是作為緩衝之用。開鑿門窗以建造房屋需要有牆壁圍起來的空間，才會有屋室的功能，牆壁圍起來的空間也是緩衝的地方。緩衝（水磁）可以是「有」，也可以是「無」，是「有」的話就作為「器」，是「無」的話就作為「用」，如此就達成「器用」的目的與功能了。

　　張道陵的《想爾注》恐怕把「車」字和「道」字聯想在一起才有以下的解釋：

　　古時候沒有車子，道神派遣奚仲做車子，貪愚的人得到車子不覺得是道神做的，但是賢人知道是道神做的，於是自己勉勵自己守道真。「三十輻共一轂」、「埏埴以為器」與「鑿戶牖以為室」這三件事本來難做，賢愚者的心是南轅北轍大不相同。今天人世間利用文字設巧詐說所謂道有天轂，人身有身轂，要做成輪子時得將輻量好尺寸大小才塞得進去。又「做成一個模子灌土成瓦，或在人身中的所謂道也得有戶牖才行」這樣的話，都是邪偽不可信的，相信它就會大大的迷惑了。

　　張道陵的意思是文字設巧詐就會使人迷惑，那麼老子遇見 UFO 不但沒法用文字連用講話溝通也不行，甚至不見得能辨識對方的形體，只能像人類對家裡的寵物以本能溝通般交流，老子即使以文字編寫《道德經》，必然也有許多是文字表達不出的高深境界，兩千多年來雖然有許多不同的註釋，仍無

法全部究明。

　　本章是説「器」與「用」互為表裡才有協調的功能，這協調的功就是緩衝。《莊子內篇‧人間世》談到「器」與「用」比例要適當的協調才行。原文如下：

　　匠石之齊，至於曲轅，見櫟社樹。其大蔽數千牛，絜之百圍，其高臨山十仞而後有枝，其可以為舟者旁十數。觀者如市，匠伯不顧，遂行不輟。弟子厭觀之，走及匠石，曰：「自吾執斧斤以隨夫子，未嘗見材如此其美也。先生不肯視，行不輟，何邪？」曰：「已矣，勿言之矣！散木也，以為舟則沈，以為棺槨則速腐，以為器則速毀，以為門戶則液瞞，以為柱則蠹。是不材之木也，無所可用，故能若是之壽。」匠石歸，櫟社見夢曰：「女將惡乎比予哉？若將比予於文木邪？夫　橘柚，果蓏之屬，實熟則剝，剝則辱；大枝折，小枝泄。此以其能苦其生者也，故不終其天年而終道夭，自掊擊於世俗者也。物莫不若是。且予求无所可用久矣，幾死，乃今得之，為予大用。使予也而有用，且得有此大也邪？且也若與予也皆物也，奈何哉其相物也？而幾死之散人，又惡知散木！」匠石覺而診其夢。弟子曰：「趣取無用，則為社何邪？」曰：「密！若無言！彼亦直寄焉，以為不知己者詬厲也。不為社者，且幾有翦乎！且也彼其所保與眾異，而以義之，不亦遠乎！」

解讀

　　工匠石伯帶弟子到齊國去，看到一棵巨大的櫟樹作為公廨的社樹，大到可以蔽蔭數千隻牛。樹幹可以讓百人手圍手包圍起來，高度靠山十仞之高後面有樹枝，它可以造成舟十數艘。觀看這棵樹的人們多如市集，工匠石伯看也不看就逕自離開了。弟子見狀很不高興，追來問師傅說：「自從我拿起斧頭追隨師傅以來，不曾看過如此美的木材。先生不肯看就逕自走了，為什麼呢？」師傅回答說：「算了吧！只不過是散木而已，鑿成船會下沉，作為棺

櫟很快就會腐爛，作為門戶會漏水，作為大樑會長蟲子。這不是上等木頭，沒有什麼用途，所以能長得這麼長壽。」工匠石伯回到家裡，夢見這棵櫟樹說：「你要怎麼比喻我呢？你要把我比喻成有花紋的小木頭嗎？那些柿子梨子橘子柚子和瓜果之類，熟了就被剝開，被剝開以後就得忍受屈辱；大點兒的樹枝就被折斷，小點兒的樹枝就被拋棄。這是因為它能忍受痛苦，所以不能長壽而中途就早死了，這是自己要迎合世俗的結果。萬物沒有不是像你一樣的活得比我短壽。我尋求沒有用途也很久了，幾乎死了心，現在等到你使我有大的用途。你能夠使我有用途而讓你得到這麼大的木材嗎？況且你和我都是物，何必互相以用途比較呢？」工匠石伯夢醒了回想這個奇怪的夢。弟子說：「看來有趣但是沒有用，那麼作為社樹的櫟木又是為了什麼呢？」工匠石伯馬上說：「小聲點！你不要再說了。它也是直說的，自己不知道以為知道是被毀謗的對象。它不作為社樹的話，難道會有剪除之害嗎？況且它所持的論點和大家不同，要拿來跟大家想的作比喻，這不是差得太遠了嗎！」

　　莊子舉的這個例子是說社樹作為「器」與果樹作為「用」相差太遠，造成各說各話，「器」與「用」不協調就無法產生「水磁」的緩衝，因而無法發生「蜻蜓點水」的「磁化」作用。

　　至於強的「用」是像「鼓風的麻袋及鼓風的竹筒」與朝着和深淵相「反」的方向飛行，所以叫做「反者道之動」（《道德經》40章）。

　　從郝拉克利圖斯（Heraclitus）的詩篇我們了解他是無神論，據傳他家鄉附近有很大的地下隕石坑，比他早70~80年前的哲學家泰勒斯（Thales）的老家就在離郝拉克利圖斯家直線距離14公里的山區，是不是他們兩人都受到這個地下隕石坑影響，才有兩人不同於後世西方思想的言論？ 如果從他的詩篇92說的「Sibyl是一千年前（西元前1,500年）從古埃及抵達古希臘的女僧侶，她預言時狂言亂語（別人聽不懂），說起話來聲音很憂鬱（說話像鳥雀聲），看起來很緊張，沒有使人有愉快的感覺，因為老子在《道德經》55章，

提到他聽到的飛碟裡的靈的聲音是呼號，而不是像壁虎的叫聲「嘎嘎嘎」，從古埃及來的女僧侶「吱吱喳喳」的聲音類似鳥雀的叫聲。

雖說從郝拉克利圖斯的詩篇 86「神的說法因為不可相信，所以能使大多數人半信半疑。也許外星人越明朗，神的說法就越沒人相信。」又詩篇 102「人也會有時做錯，有時做對。難道外星人也是那麼樣嗎？」似乎可懷疑郝拉克利圖斯也許看過 UFO，但是他的詩篇不夠深入，這或許是他只是地方上的貴族，而且生在還沒有用文字溝通的古希臘。老子卻是東周朝廷的官員，而中國在 3,400 年前就已經有甲骨文用來紀錄朝廷的占卜。

《道德經》29 章：

　　將欲取天下而為之，吾見其不得已。天下神器，不可為也。為者敗之，執者失之。故物或行或隨，或歔或吹，或強或羸，或挫或隳。是以聖人去甚去奢去泰。

解讀

　　自從作官的我遇見過「鼓風的麻袋及鼓風的竹筒」以後，我「莫知」想要以語言之教來取悅天下的民心的話，我看是做不到的。因為天下的「器」得靠能使得緩衝實現的「用」才能成功。以「不言之教」，想要取得民心是不能成功的。執著以語言之教來取得民心的，我看是會失敗的，因為像這樣是沒有緩衝的。

　　那「鼓風的麻袋及鼓風的竹筒」這種天下神器，可以在前面領先，也可以在後面跟隨。也可以放氣或者吹氣。可以是大艘的，也可以是小艘的。可以飛入空中，也可以潛入水裡。所以作官的我就得不過分、不奢侈以及不圖安逸才能安心過日子。

《道德經》36 章：

　　將欲歙之，必固張之。將欲弱之，必固強之。將欲廢之，必固興之。將欲奪之，必固與之。是謂微明。柔弱勝剛強，魚不可脫於淵，國之利器不可以示人。

解讀

　　自從我遇見「鼓風的麻袋及鼓風的竹筒」後，裡頭的靈讓我體會到想要收斂的必定隨時準備張開，想要減弱的必定準備增強，想要把事情作廢必定準備重新作起，料想會漏失的必定補足。我猜這在祂們靈來講是黃昏及凌晨看到的北極光，所以叫做「微明」。自從我遇見「鼓風的麻袋及鼓風的竹筒」這種天下的神「器」後，我能了解柔弱的可以摧枯拉朽勝過剛強的石、木、土、金等硬的物體，就像大魚如果脫離了深淵峽谷裡的水必定活不了一樣，所以急性不顧一切的做法是不足為取的。如果能注意以上這些事項，國家的利器「禹九鼎」也就可以發揮作用，要不然光設立了「禹九鼎」也是沒用的。「微明」跟天下的神器以及國家的利器「禹九鼎」都是「器」，而前述注意事項是「用」。

　　老子因為是東周王室的柱下史，職掌天文之事，所以能注意到輕微的北極光乃是理所當然之事。

　　純樸的風氣能感染擴大就是「器」的一種，像作官的老子使用了（純樸與其「器」，才能夠維持政治的完整，而不是分割得零零碎碎，紊亂得無法管理，這就是「器」與「用」的道理。

　　以上 3 章講的是 UFO 裡的靈進化歷史比我們人類悠久，所以文明比我們人類先進。我們得與祂們契合才能以「磁化」到太空探險。2,500 年前老子就以親身經驗告訴我們要和祂們契合，我們人類才能進化。雖然 2,500 年來人類的文明也進步到能踏入月球，但是比起 UFO 以「磁化」就能在太陽系通行無阻，單單看人類的航空器具內，布滿電線和儀表，就能知道我們人類比 UFO 落後。

《道德經》80 章：

　　小國寡民，使有什伯之器而不用，使民重死而不遠徙。雖有舟輿，無所乘之；雖有甲兵，無所陳之。使人復結繩而用之。甘其食，美其服，安其居，樂其俗。鄰國相望，雞犬之聲相聞，民至老死不相往來。

解讀

　　有一個小國人口很少，有了各種日常生活器具也不使用，使人民怕死而不願意搬到遙遠的地方去。雖然準備了舟車也不乘坐；雖有軍隊也沒有機會列陣出來威嚇敵人。讓人民恢復結繩記事的方法來記事不再使用文字。人民對平常的清淡食物吃起來覺得很好吃，粗布衣服穿起來覺得很美麗，草屋茅舍住起來很舒適，人民的風俗習慣玩起來很快樂。和相鄰的國家近到看得到，連雞的啼叫聲狗的狂吠聲都聽得到，但是活到年老了死去，和鄰國的人民也不互相往來。

　　老子可能把外星生物的國家當作小國寡民，雖然有地球上的民生器具也無需搶來使用。看不到該國的人民遷徙的過程，雖然有舟車也無需乘坐，雖然有甲兵也不必列陣出來。是不是老子想到自甲骨文以後可以使用的文字，但是所簡冊記載內容與他遇見 UFO 後的想法相差太多，以至於他想要恢復到結繩記事的方法來記事。事實上老子在 UFO 裡與外星生物的溝通只憑想法就可以了，一如今日所看到的麥田圈溝通方式，無法用到人類的語言。同時期的古希臘當時的人民耳朵裡，聽到的是西元前 850 年的盲眼詩人荷馬編唱的神話。那些外星生物樂於享受自己的食物，以自己的穿着為美麗，安於自己居住的場所，遊藝於自己的風俗。和老子躲避戰禍在兩山谷之間的河水旁生活比起來，鄰國雖可相望，雞犬之聲都互相聽得到。雖然老子和外星生物互動良好，但是即使到死了也無法以語言或文字溝通，只因為外星生物與我們是不同的，只能以麥田圈之類的方式溝通。

　　這一篇被中國人解讀為老子的理想國，其實是老子在比較人類和外星生物，他發現兩者差別太太，對方文明先進而我們落後。老子以他與 UFO 相遇的經驗來考慮作為周朝官員應該怎麼做，他把他的想法編在《道德經》及《大一生水》裡。

　　西方的柏拉圖也寫過《理想國》，但其含意與老子的想法相去太遠。

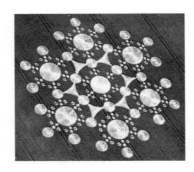

英國麥田圈
blog.xuite.net

英國麥田圈
www.teacher.aedocenter.com

八．老子雜篇（上）

《道德經》71 章：

> 知不知上，不知知病。夫唯病病，是以不病。聖人不病，以其病病，是以不病。

解讀

「知」就是不知道「大一」的宇宙是什麼，但是不知道「知」這回宇宙以下的天下事的話是生病了。也唯有不願生病，也就是不願不知道「知」這回天下事，才不會不知道這種病。作官兒的我不生不知道「知」這回事的病，是因為我不願生不知道「知」這回事的病，所以才知道「知」這回事。

解讀這一章的方法是平面數學上的負負得正，也就是兩個互為抵銷等於沒有，後世的莊子就時常用這個方法論述。

老子第 3 章「常使民無知無欲的「無知」其實是「莫知」，他編出如同謎語的這一章，但是在 59 章他就把這一章的「無知」改成「莫知」了。

《道德經》26 章：

> 重為輕根，靜為躁君，是以聖人終日不離輜重。雖有榮觀，燕處超然。奈何萬乘之主，而以身輕天下。輕則失本，躁則失君。

解讀

篤重是輕浮的根本，安靜是躁動的君主，也就是水磁在萬物之經與萬物之母的路線上，於人體以外以「用」、「沖」、「反」由篤重安靜浮動到上面。在人體內以「夷」（視之不見名曰夷）、「希」（聽之不聞名曰希）、「微」（嗅之不得名曰微）的感官在篤重安靜的下面過活。所以作官兒的人的我，整天都離不開篤重安靜的基本負擔。雖然看來作官兒的我也有些榮顯，但是我超然處之。為何想作君主的人會輕浮地爭奪天下呢？輕浮就會失去根本，躁動就會失去人心。

此章可能是老子在影射他所處的宮廷戰爭，除了構思編寫文章外，他又有什麼辦法呢？

人的重與靜的性質就是土磁方位的性質。以大氣生命圈而言，不急不徐的水磁性質，和狀似爆發活潑、活動範圍不受限制的氣磁性質，都是靠土磁在支撐。

《道德經》33章：

知人者智，自知者明。勝人者有力，自勝者強，知足者富。強行者有志。不失其所者久，死而不亡者壽。

解讀

在天下知道別人只能稱作是有智慧的人而已，能「莫知」，也就是知道自己才算明白達理。能夠勝過別人的人是因為有力氣，能夠勝過自己的話就是堅強，能夠知道滿足就是富有。強者能夠遂行其事只是因為有志氣。懂得適當的場合自處就能夠活得長久，但是不如能作到「無為」而不畏懼身體死亡，不妨拿「壽」字來叫他吧！

能作到「無欲」及「莫知」，身體雖然死亡了，一如老子在今日，我們還能夠研讀他編的《道德經》及《大一生水》，從而知道宇宙裡的 UFO 及其靈，和老子之所以主張「無為」的原因，這豈不是他名符其實的「壽」嗎？

自然通道的水磁流通，在《大一生水》講得很清楚，只因為老子的「道」與「德」的通路並不限於個人才有效，也就是說是有道德的生命共同體都有效，所以沒有個人死亡的問題發生，一如老子雖然 2,500 年前就已遠離我們而去，但是他的《道德經》仍然不失時效一樣。

張道陵的《想爾注》將這章解釋為成仙的人之所以成仙，是因為他有這個意念和決心。至於「死而不亡者壽」他的神話是道士有所謂道的精神，道

士的死亡其含意是避開人的世界在「太陰」裡頭，在裡頭又得到所謂的道才能不死，所以是長壽的。普通人沒有修得作善事的功夫，死了就和地下的棺材一起腐爛，便是真正的死亡了。

從這裡看得出來張道陵把人分成道士和普通人兩種，道士因為修了所謂道才成為仙，但是張道陵的所謂道並不是老子的「道」，那麼老子的「道」是什麼？老子的「道」就是自從他遇見 UFO 以後，他的想法我們可從《道德經》及《大一生水》來了解。也許張道陵也看過 UFO，就像我們即使看見 UFO 也不知其解一樣，所以有可能他把準備看 UFO 的人叫做道士，看過 UFO 的人就成為仙人。至於做道士以及修練成仙的方法不外乎張道陵的《想爾注》與《想政注》。張道陵後代的五斗米道規定入教者只須繳納五斗米就可以了，五斗米（約 60 公斤）對生活過得去的家庭也算是一筆小開支。實際上不管是否看到 UFO，只要依序修道總有人能修到仙人，但是是不是看到 UFO 則另當別論。

古希臘的神話都是 2,850 年前的盲眼詩人荷馬唱出來給大家聽的，既然荷馬眼睛看不見，所以他不知道看到 UFO 的場景，這樣説來古希臘的神話無中生有不近情理的情節，顯得怪誕，比較起來張道陵的五斗米道算是實際一些。

《道德經》46 章：
　　天下有道，卻走馬以糞。天下無道，戎馬生於郊。禍莫大於不知足。咎莫大於欲得。故知足之足常足矣。

解讀
　　天下如果到處都有馬糞的話，表示天下太平，自從作官兒的我遇見「鼓風的麻袋及鼓風的竹筒」以後就一直這麼想。相反地到了戰爭的時候，到處都的是戰馬生龍活虎地在荒野奔跑四處流竄。人類不懂得「莫知」就是不知

足，這是會引來災禍的。不懂得「無欲」就會動輒得咎。「莫知」在這兵荒馬亂的時代能使得人類知足，而且經得起考驗。

《道德經》70 章：

　　吾言甚易知，甚易行。天下莫能知，莫能行。言有宗，事有君。夫唯無知，是以不我知。知我者希，則我者貴。是以聖人被褐懷玉。

解讀

　　我說的「莫知」這話兒很容易知道，也很容易實行。但是天下的人不知道我說的「莫知」是什麼？也不知道那是很容易實行的。我說話是有宗旨的，就像我在朝廷追隨周天子一樣。我說這話兒是因為作官兒的我，遇見了「鼓風的麻袋及鼓風的竹筒」，才會這樣說的。但是懂得我說的話的人很少，我很重視拿我作榜樣的人。可以說是作官兒的我雖然披著襤褸的外衣，裡頭卻懷著美玉呢！

　　閩南語的「不知道」的發音是「莫宰羊」，可能是老子的「莫知」傳下來的。78 章的「天下莫不知，莫能行。」的「莫不知」是沒有「不知道的」的意思，其含義剛好和「莫宰羊」相反。所以「莫宰羊」與「莫知」意思雖然相近，但是其含義有出入，「莫知」姑且假設是老子被「磁化」以後的「識之不知名曰莫知」，也就是不用語言的心領神會。古今之所以有這樣的差異，是因為周朝官方語言上的發音，到了後代文字雖然相同，但是發音已經改變，只有河洛中原傳來的閩南語與周朝官話發音相近。38 章的「上禮為之而莫之應，則攘臂而扔之」的「莫之應」是沒有或拒絕回應的意思，所以這裡的「莫」是否定的語助詞，整句的意思是把禮置於高高在上的入門標準的人，如果得不到回應，就揮舞手臂拒絕回去。

　　傳統上在解釋《道德經》的「無為」一行不言之教，與「無欲」之意產

生偏差。距老子時代 180 年後的孟子，可能不懂得老子「莫知」的意思，因為官方話在這段期間已改變原來「莫知」的閩南語發音，發音不同，孟子不認得「莫知」這一詞的意思，所以加入自己的思想發揮一番。

孟子好辯，但是他的辯論並非靠心領神會來傳達思想。《孟子・盡心上》篇寫道：

> 「楊子取『為我』，拔一毛而利天下，不為也。墨子『兼愛』，摩頂放踵利天下，為之。子莫執中，執中為近之；執中無權，猶『執一』也。所惡『執一』者，為其賊道也，舉一而廢百也」。

解讀

楊子主張「為我」，拔一根毫毛以利於天下，也不會去作。墨子主張「兼愛」，即使必須摩頂放踵才能有利於天下，還是要去作。子莫主張中道，但是中道沒有權力，就如同頑固地抱持一種主張一樣。我所以討厭「執一」的人是因為他們是賊道，他們頑固地抱持一種主張，把其他的想法都廢棄了。

孟子讀了《道德經》10 章及 39 章的開頭「載營魄抱一，能無離乎」及「昔之得一者」，就對他的弟子提出批評「執一」的話。他也許懂得老子的「無為」與「無欲」，但他不見得了解「莫知」是什麼意思。孟子師承孔子，而孔子 30 多歲時曾到東周王室見過老子，自稱向他請教「禮」。老子在 38 章留給後人他教孔子的是什麼？含糊不得。孟子也許要維持孔子的尊嚴，又不便明說「子莫執一」的說法。由此看來孟子對「執一」只是理解受圈而已，不曉得「一」在東方的老子和西方的古埃及還有不同的意思。

老子的「一」就是自從他遇見 UFO 後算起，他的想法改變再回到人類那裡，接下來連結他所構想的萬物之母，包含萬物有靈經過鬼神超越到「德」的門檻，再以陰陽、四時、濕躁、寒熱而到達人的方位。如果鬼神不能超越

「德」的門檻而迷失自己，就會走入歧途變成「餘食贅行」─吃得太多腫脹不良於行，或者「盜夸」─盜匪的強橫，那就偏離「一」了。

有人認為子莫就是指的莊子，假使這是真的，那麼孟子和他的前輩孔子同樣誤解老子的「道」與「德」、也就是水磁太深了。這自然通道潺湲流出的水磁，流到萬物之母而運作，雖然是「一」，但是在這裡孟子所謂老莊的「一」，是會逆流的，也就是「反、沖或用」，怎麼會是舉一而廢百呢？難怪莊子必須以哀駘它的「它」來影射母系氏族群體的母性及老子。

《道德經》38 章：

上德不德，是以有德；下德不失德，是以無德。上德無為而無以為；下德為之而有以為。上仁為之而無以為；上義為之而有以為。上禮為之而莫之應，則攘臂而扔之。故失道而後德，失德而後仁，失仁而後義，失義而後禮。夫禮者，忠信之薄，而亂之首。前識者，道之華，而愚之始。是以大丈夫處其厚不居其薄，處其實不居其華，故去彼取此。

解讀

上德的人「無欲」及「莫知」德所以有德。下德的人「莫不知」德所以無德。上德的人「無欲」及「莫知」而真的作到。下德的人沒有「無欲」及「莫知」也沒作到「無欲」及「莫知」，而且是「莫不知」。

上仁的人沒有「無欲」及「莫知」，但是以為已作到「無欲」及「莫知」。上義的人沒有「無欲」及「莫知」，但是以為已作到「無欲」及「莫知」。上禮的人沒有「無欲」及「莫知」而得不到回應，就不惜伸出手臂來引著人家強於就禮。所以失去了「水磁」緩衝水的流向的能力才能談到德，失去德才能談到仁，失去仁才能談到義，失去義才能談到禮。禮是忠信不足，混亂也就隨之而來。有識者了解像這樣是沒有「水磁」緩衝使得流水浮華地流逝，

這是愚昧的開始。所以大丈夫立在厚的地方不居於薄的位置。處於實在的地方不居於浮華的所在，所以要小心選擇。

在這一章老子說陰陽是相輔相成的，最合乎說明老、孔會面後的表述，老子恐怕是多年後，才寫下他心中對「德、禮」的看法，可惜孔子並不知道。

《道德經》60 章：
治大國若烹小鮮。以道蒞天下，其鬼不神。非其鬼不神，其神不傷人。非其神不傷人，聖人亦不傷人，夫兩不相傷，故德交歸焉。

解讀
我遇見「鼓風的麻袋及鼓風的竹筒」以後就這麼想，如果裡面的靈想要治理人類的大國，就好像在熱鍋裡煎小魚翻來覆去就碎掉一般輕易。祂們以「水磁」的緩衝功能治理天下，就如人間相信的鬼但不像鬼，神也不像神。其實祂們就是能應用「水磁」的祂們，也能應用其緩衝功能治理天下而不傷人。作官兒的我也能應用「水磁」的緩衝功能治理天下也不傷人。祂們和我都不互相傷害，所以祂們的「水磁」和我的「無欲」及「莫知」，也就是「無為」有交集了。

老子在《道德經》與《大一生水》講的神就是鬼神，這是因為老子沒有鬼神的問題，但是有的提出「餘食贅行」或「盜夸」的問題。
老子之所以寫《道德經》是因為他認為人要有「道」及「德」社會才會和諧，缺一不可。既然上游的水磁迴漩的從「大一」流出得以完成，那麼要超越入下游到位的關鍵點，就是有沒有超越入「德」的門檻。假使沒超越入「德」的門檻而超越入其他管道的話，就不會有《道德經》所宣導的，所以老子認為處理好萬物有靈是下游成功到位的保證。

《道德經》61 章：

　　大國者下流。天下之交，天下之牝，牝常以靜勝牡，以靜為下。故大國以下小國，則取小國。小國以下大國，則取大國。故或下以取，或下而取，大國不過欲兼蓄人，小國不過欲入事人。夫兩者各得其所欲，大者宜為下。

解讀

　　如果「鼓風的麻袋及鼓風的竹筒」裡面的靈，以「水磁」的緩衝功能治理人類的大國的話，大國應當居於小國的下游，這時候小國就像「水磁」的緩衝功能。天下的母牛性情靜而公牛性情好動，因為母牛以性情靜勝過公牛，所以性情靜的母牛宜居於公牛的下面，這就好像大國宜居於小國的下游一樣。所以大國如果在小國的下游，就可以取小國。小國如果居於上游的緩衝位置，就能臣服於大國。所以不論是居於下游以取小國，或者是居於緩衝位置而臣服於大國，大國不過是想要兼管小國的人民，小國不過是想要給人管。大國與小國各得其所需，因此大國宜居於下游。

　　以現代的醫學知識來講，雌性身體所含的雌性荷爾蒙多於雄性荷爾蒙，所以雌性較雄性安靜。若照《大一生水》的內容來判斷，水磁是雌性的，它所造成的生物的魍魎（精靈之氣）應該也是雌性居多，就人體而言這點和科學上的發現相當一致。雄性比雌性應該較富於氣磁。以磁浮來講，水磁流過使萬物之母浮於其上，氣磁流過能使空中的物體漂浮於其中。那麼就浮力來講，到底是空氣浮力有反抗地心引力才能使物體飄浮在空中，一如牛頓力學所說的，還是因為有了氣磁的關係，才使能其中的物體飄浮起來？就磁而言，水磁和氣磁並不如常人的感覺一樣的是，前者浮在空中輕而大的物體會浮起來，而後者卻不能支持同一個物體飄浮。平常在地面上要使一個物體飄浮必須在物體底下吹氣，或使物體充氣，或使物體產生動力也是辦法之一。但所有這些是物體與氣流的關係，並不是氣磁，這些是必須分辨清楚的。

《道德經》54 章：

　　善建者不拔，善抱者不脫，子孫以祭祀不輟。修之於身，其德乃真。修之於家，其德乃餘。修之於鄉，其德乃長。修之於國，其德乃豐。修之於天下，其德乃普。故以身觀身。以家觀家。以鄉觀鄉。以國觀國。以天下觀天下，吾何以知天下然哉？以此。

解讀

　　自從作官兒的我「鼓風的麻袋及鼓風的竹筒」裡面的靈後，我「莫知」祂們的種系比我們人類先進。因此善於建立人類氏族事業的人，人類的子孫懷念先人的篳路藍縷以啓山林的勞動，因此人類對先人不停地祭祀也是應該的，不知道「鼓風的麻袋及鼓風的竹筒」裡面的靈是不是也祭祀靈的祖先呢？

　　就人類來講能自身進入「夷」、「希」、「微」、「無味」、「無欲」及「莫知」的境界，他的德是真的。能在家庭把「夷」、「希」、「微」、「無味」、「無欲」及「莫知」實行，他的德是有餘的。能在鄉里把「夷」、「希」、「微」、「無味」、「無欲」及「莫知」施展開來，他的德是長遠的。能在國家推行「夷」、「希」、「微」、「無味」、「無欲」及「莫知」，他的德是豐盈的。能使人類的天下使「夷」、「希」、「微」、「無味」、「無欲」及「莫知」普及，他的德遍地都是。

　　所以不論從這個人自身、從這個人的家、從這個人的鄉里、從這個人的國家，或者從人類的天下觀察，我就是靠這樣子觀察，才知道天下的人類要「夷」、「希」、「微」、「無味」、「無欲」及「莫知」才好。

　　中國因為地理位置較歐美各國封閉，自古以來就以封閉式的繁殖衍生後代，所以產生祭祖的習俗，老子當然遵守這個風俗，雖然一個人過世後這個人就沒有水磁存在，但是老子還說：「子孫以祭祀不輟」，這是說子孫要不停的祭祀，儘管老子的作法和他的主張有矛盾的地方。

　　老子以母系氏族群體的古老觀念來闡述他的思想，這個母系氏族群體雖是以母性為生殖中心，但是依照性別每個人還是擔任最符合不同性別的工作。例如有 6,500 年前軒轅黃帝靠他的臣子風后發明指南車，打敗蚩尤統一天下後到泰山封禪的事，這與母性氏族無關，因為打戰基本上是男性的事。

《道德經》47 章：

　　不出戶，知天下。不闚牖，見天道。其出彌遠，其知彌少。是以聖人不行而知，不見而名，不為而成。

解讀

　　我走進「鼓風的麻袋及鼓風的竹筒」門口，在裡面也能「莫知」天下的事。不從窗戶偷看出去也能曉得天的樣子。一旦離開「鼓風的麻袋及鼓風的竹筒」，走到越遠的地方，知道的事情就越少。所以作官兒的我在裡頭也能「莫知」天下的事，沒有看見什麼只靠「夷」也能叫出名來，沒作什麼事也能成功。

　　根據已公布的飛碟圖片，我們知道其外觀沒有窗戶或窗戶很少，可能是「磁化」的影響。但是老子在裡面靠「夷」、「希」、「微」、「無味」、「無欲」、「莫知」探知裡面或外面的事及物。從而觀之，老子可能與裡面的靈以知心術做思維溝通，麥田圈就是這種溝通的例子。老子應能在飛碟裡面見到外頭，而且沒有視野的問題，因為他的「不闚牖，見天道」是用「夷」的，而不是用看的。老子在裡面可能可以像現代的互聯網方式查知天下事。「不見而名」可解釋為用「夷」就可以叫得出裡面的靈、事或物的名。

　　「磁化」使飛碟有隱形的能力，當它臨近人類時，人類會有異常的感覺與動作，是不是老子因之而產生「夷」、「希」、「微」、「無味」、「無欲」、「莫知」，回到人類的世界後，開始教我們《道德經》以及《大一生水》？

　　這一章「不出戶，知天下」在 2,500 年前講出來是不可思議的，別人最多只是把老子的說法當作開玩笑而已，但是老子的身分是東周王室的禮官官員。我們並不知道孔子與老子相見時有沒有聽到這句話，如果聽到過，那麼孔子的想法又是什麼？今天互聯網已經能讓我們「不出戶，知天下」了，但是水磁的流通卻不是那麼容易懂的。

　　寫到這裡，筆者檢視 2,500 年來地球變化如何？以及人類的文明進步在哪兒？ 5,000 年前的大洪水，海水入浸進到老子的家鄉附近，亦即安徽及河南附近的渦陽。

《道德經》59 章：

　　治人事天莫若嗇。夫唯嗇，是謂早服。早服謂之重積德。重積德則無不克。無不克則莫知其極。莫知其極可以有國。有國之母，可以長久。是謂深根固柢，長生久視之道。

解讀

　　自從我遇見「鼓風的麻袋及鼓風的竹筒」後，我才知道老天打點人類的事不外乎讓農人順著「自然」樸實耕作。也唯有農人順著「自然」樸實耕作，才會回到常態。農人回到常態以後就不必在十字路口徬徨，可以開始累積「德」。積了許多「德」就沒有什麼困難克服不了的。能克服困難就「莫知」許多必須知道的事。能「莫知」重要的事就可以參與國家大事。像「鼓風的麻袋及鼓風的竹筒」比人類文明進步，這個國家如果能模仿祂的話也可以長治久安。像這樣可說是在十字路口「夷」對了方向，因此根深柢固了。

能克服一切就如同不知道自然通道流出的水磁原本從「大」到「逝」再到「遠」；還沒有到「反」以前的遠方末端，就可以治理國家了。這樣的話，母系氏族群體才可以使國家長治久安。這就叫做根深蒂固，也唯有如此國家才能長存。

《道德經》49章：
　　聖人無常心，以百姓心為心。善者吾善之，不善者吾亦善之，德善。信者吾信之，不信者吾亦信之，德信。聖人在天下，歙歙為天下渾其心。聖人皆孩之。

解讀 A
　　作官的自然人我沒有非得作什麼不可的心，我以百姓的心為自己的心。善良的人我就善待祂，不善良的人我也善待祂，這是講超越「德」的門檻以後的「德」的魍魎是善良的。守誠信的人我相信祂，不守誠信的人我也相信祂，因為既然超越了「德」的門檻，祂們的魍魎應該都會守信用。作官的自然人在天下，是以戒慎恐懼的心情為天下人操心。祂們的存心就像嬰兒一般沒有邪念。

解讀 B
　　這是因為作官的自然人我抱持著「一」作為天下人的模範的緣故。我不自我審察也很明朗；不自我肯定也很彰顯；不自我誇耀所以有功勞；不自我矜持也能進步。因為我不主動爭取，所以天下沒有人能爭得過我。古時候這就叫做曲則全，這可不是空話呢！要誠心誠意歸向水磁才對。

　　《莊子內篇‧德充符》所說的「雌雄合乎前」，老子與莊子在歷史上當作同一家思想，而本章的「未知牝牡之合而全作」與「雌雄合乎前」可說是相匹配。可能老子在這裡只是要說，他看到的 UFO 與女性的生殖器官很像。

　　老子可能與外星人遇上了，不知道什麼原因他自然感覺被保護着，所以 49 章描寫的氣氛平和。二次大戰時盟軍飛行員遇到 UFO 開炮卻無法打到它，戰爭期間在美國加州，夜間對 UFO 密集射擊的防空火炮也沒有傷到它一絲一毫，60 年來有多起與 UFO 遭遇事件，不論軍方或警方的空中開火，都沒辦法打到它。可能 UFO 的外殼有磁保護。

美國底特律市上空幽浮　2013
www.tide4.us

九．老子雜篇（下）

《道德經》19 章：

　　絕聖棄智，民利百倍；絕仁棄義，民復孝慈；絕巧棄利，盜賊無有。此三者以為文不足，故令有所屬。見素抱樸，少私寡欲。

解讀

　　只要棄絕聖賢，人民才會百倍有利。只要棄絕仁義，人民才會恢復孝慈。只要放棄取巧奪利，盜賊就不會產生。這三種情形的不同因為不好在這裡說明，另外找個地方再談。總而言之，要朝向樸素寡慾少有私心的方向更改。

《道德經》44 章：

　　名與身孰親。身與貨孰多。得與亡孰病。是故甚愛必大費，多藏必厚亡。知足不辱，知止不殆，可以長久。

解讀

　　有名無字的天下萬物之母的水磁比起自己哪一個親近呢？是水磁比較親近。自己比起貨物哪一個稱得上重要呢？是自己比貨物重要。這麼說來獲得財物與自己的死亡哪一個比較不利？當然獲得財貨比較不利。只心疼一個人必定很費心，貪得無饜的人只不過死亡時祭典較盛大而已。能夠知所滿足的人可以避免屈辱那樣，知道適時停止的人就不會有危險，這樣作的話就可以維持長久的穩定生活。

　　老子和孔子都是春秋各國擅自稱王稱公分裂時代的人物，到了戰國時代各國互相交征攻伐，天下變得更混亂不堪。社會風氣從老子思想上的母系社會，轉變到儒家的文化迄今。孔子跟老子不同，他在弟子面前輕視婦女。《論語‧陽貨》記載「子曰：唯女子與小人為難養也！近之則不孫，遠之則怨。」

　　孔子在等衛靈公給他答覆作官的事，他跟子路講要正名才可以。衛靈公

沒有召見，反而叫他的愛妃南子代為召見。《論語，雍也》記載了一則「子見南子，子路不說。夫子矢之曰：予所否者，天厭之！天厭之！」的故事，引起了後世的爭論。當然孔子最後還是沒有作成官而離去了。所以「子見南子」這件事於老子兩百年後，在儒家起了發酵作用。

我們今天看到的《孟子》這本書，是他的弟子公孫丑與萬章寫的。從《孟子·萬章上》知道萬章聽說一百七十年前的孔子，在貧窮低窪的衛國首府帝丘行醫，治療癰疽（壞疽）病，現代叫做烏腳（末梢血管壞疽）。公孫丑拿這個問題來問他的老師，以便寫到書上。不料孟子從根本上否定弟子們提的問題，他另外說了一個故事，然後說「若孔子主癰疽與侍人瘠環，何以為孔子！」完全不提孔子曾經行醫。

其實孔子行醫事蹟，發生於中國最早經典醫書《黃帝內經》出現前的250年，《黃帝內經》可能是戰國時期（西元前475~221年）編寫的。癰疽這個病古來就有，《黃帝內經·靈樞》最後一章就全部講這個古老的疾病。後世實在沒有理由懷疑孔子行醫的事，包括孟子。而且孔子行醫的這件事，可從《論語·述而》「子之所慎：齊、戰、疾」看得出蛛絲馬跡。《莊子內篇·大宗師》講到子貢聽孔子的話，去弔子桑戶的喪，子桑戶的朋友有的鼓琴，有的唱歌。子貢進去問這樣是有禮嗎？回來後向孔子講這件事，孔子曰：「……彼以生為附贅縣疣，以死為決丸潰癰」，由此可知孔子可能對潰癰等疾病相當熟悉。至於孟子偏離弟子話題，可能是巫醫占卜的行業到了戰國時代，已經被人看輕，他不願意他的祖師爺孔子被沾染上這個色彩。到了秦始皇焚書坑儒，只有秦史典籍、醫書卜筮及種樹的書籍不在焚燒之列。與現代不同，古代行醫是不需要執照的。孔子作過巫醫的另一證據來自《論語·子路》「子曰：南人有言曰：『人而無恆，不可以作巫醫。』善夫！『不恒其德，或承之羞。』子曰：不占而已矣。」

讓我們來看看王充《論衡·幸偶》是怎麼講癰疽這個病的？「癰疽之發，亦一實也。氣結淤積，聚為癰潰為疽創，流血出膿。豈癰疽所發，非身之善

穴哉？營衛之行，遇不通也」。

王充《論衡‧問孔》也提到「子見南子」這件事，但是因為母系氏族群體的影響力，到王充的時代已式微，導致他的詰問聚焦在子路給孔子的難題，而不是孔子言行不一致「子見南子」，這件有違孔子言論的奇怪的事。王充在《論衡‧譴告》說過「夫天道，自然也，無為。如譴告人，是有為，非自然也。黃老之家，論說天道，得其實以」，這只是表示王充了解老子《道德經》十分有限，他可能沒有看過《大一生水》才這樣子說。

孔子的詛咒自己是責怪自己的行為必受天罰，就像「人君為政失道，天用災異譴告之」一樣的天人感應，這是王充所反對的。他認為孔子無法使子路相信這句話，是因為老師把這件事責怪天。而像這樣責怪天不如說「雷擊殺我」、「水火燒溺我」或「牆屋壓填我」，還能使涉世未深的子路相信老師所說的話。當然一如前面所猜測的南子可能是代衛靈公傳話而已，但是在談話的現場發生了什麼事，就引起了外界很多想像的空間，包括子路在內。筆者相信孔子對弟子所不能說的是人性，對於人性孔子自己對外表示輕視婦女，這是他的主張之一，其實我們還可以有很多討論惑選擇。只是後人把他這種主張視為金科玉律長達兩千多年，這不是提供我們檢討的餘地嗎？

距今 1,000 年前北宋的邵雍是後天八卦的集大成者，「加一倍法」是他首創的。邵雍道、儒雙修，著有《皇極經世書》，在那個獨尊儒術的朝廷，他自稱 1,500 年來只有孔子的《易傳》比得上他的《皇極經世書》。他在《觀物內篇》說：「三皇同意而異化，五帝同言而異教，三王同象而異勸，五伯同數而異率。同意而異化者，必以道。以道化民者，民亦以道歸之，故尚自然」。他講的自然跟王充相似，已說出老子自然通道的水磁的意義。但是那是與三皇之意相同時，才有這種情形發生，而老子的自然通道的水磁，不必什麼人同意也應該會流通。

邵雍的時代是西元 1,054 年，司天監楊惟德觀察到天關星超新星爆發的年代，也就是 SN1054 超新星爆發，這在史書上有紀錄。自然這一詞的應用

可能到邵雍時代就漸漸消失了也不一定，但是他的「加一倍法」也就是 2 的 n 次倍數卻是很有用的。北宋滅亡後，北方出現了道教的重量級人物，王重陽的弟子丘處機甚至於跑到漠北跟成吉思汗見面。王重陽的弟子馬丹陽把他的夫人孫不二帶來學道修練，一起成了全真七子。從這裡看得出來北方的金、元繼承了唐朝重視道教的傳統。在南方的宋朝，道教並沒有像北方那樣發達。

孟子說的「若孔子主癰疽與侍人瘠環，何以為孔子！」，而事實上他故意隱瞞的這種病一烏腳病。《黃帝內經‧靈樞》最後一章「癰疽第八十一」專門講壞疽，四肢末端壞疽叫做烏腳病。《黃帝內經》是戰國時期（西元前 475~221 年）編寫的，可見得這種疾病年代久遠，事實上中外皆然。

已知最早的烏腳病是發生於古埃及 Amenhotep II 法老時期（阿蒙霍特二世，西元前 1425~1399），在帝王谷墳墓裡的一位黑人陪葬者的腳患有烏

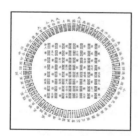

邵雍 皇極經世 六十四卦
kxcyg.blog.163.com

邵雍 北宋 皇極經世 河洛數術書
www.senwanture.com

1054 天觀客星爆炸 超新星殘骸
zh.wikipedia.org/wiki/ 超新星

腳病（標本現藏開羅博物館）。到了古希臘的巴門尼德（Parmenides），在他的用唱的詩篇第 16 節用了語標 limbs，意指烏腳病。巴門尼德之所以唱出烏腳病的語標，也許是他從今義大利南方來古希臘東方的路途中，在沿海看到許多患烏腳病的部落，悲慘的形象使他的詩篇留下烏腳病的紀錄。後世的亞里士多德（Aristotle, 西元前 384~322）還叫他的弟子去追尋巴門尼德的 limbs 語標（Logos）。巴門尼德的詩篇第 6 節：5~9 描述的是蹣跚而行的情景，耳眼有許多狀況，與今日的烏腳病症狀相差無幾，他的描述有些可能出於想像，卻具體表示病患聚集部落居住。

歐洲海岸線很長，烏腳病過去在某些國家比較嚴重，十世紀以前的聖安東尼修道院專門收容烏腳病人。中國海岸線較短，沿海地區的鹽民偶爾也會患此病，筆者過去服務的臺灣本島西南沿海的烏腳病防治中心，就是專門收容這種病患，在那裡的工作經驗容筆者略為描述。

Amenhotep II 法老時代的首都從上埃及 Thebes 遷到下埃及尼羅河三角洲 Memphis。烏腳病發生在沿海地區，在四肢（Limbs）末端發病，下肢多於上肢，症狀是血管壞死，而且患部劇痛。因為從 5,000 年前大洪水以後，至巴門尼德的古希臘時代為止，古希臘還沒有被人了解其意的書寫文字可用，人的想法只有靠磁的運作，或者只有對神的崇拜。那個時代的人沒有文字可以表達身體的感覺，但是烏腳病令人感覺太痛了，對身體是慢慢的折磨，所以巴門尼德在這首詩兩次試圖提出烏腳病問題。古希臘的海岸線是處於海退的情況以迄於今。Ephesus 在 2,500 年前可能在古希臘西方的海邊，今天已內移距海 9 公里。因為海埔新生地是容易發生烏腳病的地方，例如臺灣島西南部嘉南平原的海埔新生地，容易發生烏腳病，所以遊遍從今天的義大利南部到古希臘東部的巴門尼德，在海邊聚落看到許多自古埃及時代就有的烏腳病病人，自不待言。

巴門尼德的詩篇第 7 節完全沒有提到法老的心與舌的「靜」態，更談不上「動」態，乃至於先後成唯一。也就是説談不上「蜻蜓點水」。巴門尼德

和他的老師 Xenophanes（西元前 570~475）出生於同一地方，都是愛四處旅行的人，巴門尼德到過 Pythagoras 的家鄉－愛琴海東岸的 Samos 島，這個島距離同一時代郝拉克利圖斯（Heraclitus）的家鄉不遠。郝拉克利圖斯是幾乎不離開家鄉的人，但是他的名聲當時已遠播各地，原因是約一世紀前住在離他家直線距離 14 公里的泰勒斯（Thales），曾到古埃及工作，過「水是萬物的本源，世界萬物都是從水中生出來的，最後又復歸於水」，他沒有留下解釋，但是他成為古希臘最早的哲學家。

巴門尼德可能不知道郝拉克利圖斯的「一」是什麼意思，但是他卻提出要從了解郝拉克利圖斯的「一」着手，也就是只從了解郝拉克利圖斯的語標着手，就像現代作者與讀者沒碰到面，但文如其人，閱讀著作猶見其人。然而後世卻把巴門尼德當作主張理解（reason），而不是當初的想要了解郝拉克利圖斯的「蜻蜓點水」的原理。筆者不禁要問要理解什麼？是現代科學嗎？在後面的詩篇中巴門尼德講了許多荷馬所創造的神的名字，可見得他不是無神論者。巴門尼德的詩篇教人家注意求知之路要專心，不要被習慣所左右，不要漫不經心的看和聽，然後經過掙扎以語標做為判斷是非的根據。

同一時期在中國，孔子也到東周王室要求老子接見，這件事可由山東省東平縣一座漢代古墓發掘出來的老、孔會面的壁畫得到旁證。如前所提，事後老子在《道德經》38 章寫了這次會面的心得。

孔子見老子山東濟寧嘉祥汗畫像石
www.cnzyzh.com

十. 政治軍事

《道德經》30 章：

　　以道佐人主者，不以兵強天下，其事好還。師之所處，荊棘生焉。大軍之後，必有凶年。善有果而已，不敢以取強。果而勿矜，果而勿伐，果而勿驕。果而不得已，果而勿強。物壯則老，是謂不道，不道早已。

解讀

　　作官兒的人奉命要輔佐主人公的話，是不會用兵來強取天下的，這種軍事最好能透過談判解決。要知道能行軍的地方布滿荊棘，軍事行動之後必定帶來饑荒凶年。因此善於用兵的人要果敢，但是也不能強取，才不會拖延戰爭。要果斷但是不會矜持，不會隨意開戰，也不敢驕傲，要知道驕兵必敗。不得已要決定用不用兵的時候，要能夠果敢的選擇，但也不能強硬。但是兩陣對壘日子一久了是會兵疲馬乏的，這就叫做「不道」，「不道」是會早死的。

《道德經》31 章：

　　夫佳兵者不祥之器，物或惡之，故有道者不處。君子居則貴左，用兵則貴右。兵者不祥之器，非君子之器，不得已而用之，恬淡為上。勝而不美，而美之者，是樂殺人。夫樂殺人者，則不可以得志於天下矣。吉事尚左，凶事尚右。偏將軍居左，上將軍居右。言以喪禮處之。殺人之眾，以哀悲泣之，戰勝以喪禮處之。

解讀

　　作官兒的我，知道以優勢的兵器作戰得勝的例子不可能在這種「器」面前發生，我們之所以會以為所向無敵是因為人類好鬥，這種「器」是厭惡我們發生好鬥的，所以我不願意處在好鬥的情勢之下。但是身為作官兒的我還是得執行上級的命令，這時居朝廷則要靠近王者的左手，在戰場用兵的話要靠領軍者的右手，這是古代就傳下來的規矩。「用」兵殺人是不祥的「器」，

不是作官兒的人「用」的器，不得已的話才使「用」到「器」，但是使用時要盡量平和淡薄為上策。假使戰勝的話並不是美好的事，如果硬要說戰勝是美好的，那就是樂於殺人了，樂於殺人的人，是沒辦法得志於天下的。規矩是這樣定的：管吉事的靠領軍者的左手邊，管戰爭凶事的靠領軍者的右手邊。所以偏將軍排在領軍者的左手邊，上將軍排在右手邊。吊唁要以喪禮相待，如果殺了很多人的話要悲哀流淚，打了勝仗的話也要以喪禮對待就可以了。

老子《道德經》裡的關於政治與軍事的篇章，以他遇過 UFO 的經驗來說，是講做為臣子輔佐的角色，處理人間的鬥爭必須以天與人來考量。與他幾乎同時代的孫武著作《孫子兵法》，有類似《道德經》的思想談兵法，此點可從書中有衍生自《道德經》裡的語句如下：

- 兵勢—凡戰者。以正合。以奇勝。故善出奇者。無窮如天地。不竭如江河。
- 虛實—角之而知有餘不足之處」、「夫兵形象水。水之形避高而趨下。兵之形避實而擊虛。水因地而制流。兵應敵而制勝。故兵無常勢。水無常形。能因敵變化而取勝者。謂之神。
- 軍爭—是故軍無輜重則亡。無糧食則亡。無委積則亡。
- 九地—將軍之事。靜以幽。正以治。」

在老子之後中世紀歐洲，西方文藝復興發源地佛羅倫斯共和國的馬基維利（Niccolò Machiavelli, 1469~1527），曾任該國國務院秘書處多年，負責和各國折衷交涉。他以他的經驗著作了名傳後世的《帝王論》等書，大談當時各城邦雇用的傭軍之間的戰爭，也是西方的兵法名著。由於西方否定對立（antithese）哲學的難解，他有時認為人類是命運女神的玩物，並無神性可言，但有時他也承認理性使人凌駕於動物本能之上，並分享了神性，因而人

類被西方哲學家稱為有神性的動物。雖然當時也有人說上帝賜給人自由和能力來勾勒自己的性格，然而馬基維利卻斷然否定了這令人振奮的自由，他認為人的行為及其行事方式只是依著自己的本性行事。

西方自古希臘城邦的共和國體制下，迄今發展出來的哲學是以法律維繫各方面的本質。而中國的老子、孫子以迄秦始皇統一中國，是發展出自然為人的行為及其行事方式的準則。只因為人口增加，所以有韓非子主張的法家奠定秦國的根基。

《道德經》18 章：

大道廢，有仁義；慧智出，有大偽；六親不和，有孝慈；國家昏亂，有忠臣。

解讀

假使「大一」的「道」的水磁流到萬物之母阻塞了，而沒到位的話，仁義就會出現。世間因為有智慧的人很多，才有作偽虛假的人。講求孝慈的原因，是因為六親不和。忠臣產生的原因，是因為國家昏亂。

《道德經》57 章：

以正治國，以奇用兵，以無事取天下。吾何以知其然哉。以此。天下多忌諱，而民彌貧；民多利器，國家滋昏；人多伎巧，奇物滋起；法令滋彰，盜賊多有。故聖人云：我無為而民自化，我好靜而民自正，我無事而民自富，我無欲而民自樸。

解讀

治國的話要正面應對，用兵的話要講奇怪的兵法，自從作官兒的我遇見「鼓風的麻袋及鼓風的竹筒」後，使我得知不作什麼事也能取天下。我怎麼知道是這樣子的呢？因為「鼓風的麻袋及鼓風的竹筒」很神秘，祂不作什麼

動作也能無所不作，使我感到我們很洩氣。天下如果很多禁忌，人民就會越來越貧窮；人民如果有許多利「器」來謀求私利，國家的「用」就無法發揮因此滋生混亂；人民如果多投機取巧，稀奇古怪的物品就會興起；要用嚴刑峻法才能管理人民的話，就會到處都有盜賊。所以說：「作官兒的我像『鼓風的麻袋及鼓風的竹筒』一般不作什麼人民也會自動『磁化』，我靜下心來作事人民自會走正路，我沒有事可作而人民自然會富有，我沒有欲望而人民自然會樸素。

「民多利器，國家滋昏」與《莊子內篇．人間世》裡莊子舉的例子說的社樹作為「器」，與果樹作為「用」相差太遠，造成各說各話，「器」與「用」不協調就無法在「磁」產生「蜻蜓點水」的作用的類似比擬；人民如果像果樹作為許多對自己有利的「器」，則國家的大「用」就會產生混亂，也無法在「磁」產生「蜻蜓點水」的作用了。

《道德經》30 章：

以道佐人主者，不以兵強天下，其事好還。師之所處，荊刺生焉。大軍之後，必有凶年。善有果而已，不敢以取強。果而勿矜，果而勿伐，果而勿驕。果而不得已，果而勿強。物壯則老，是謂不道，不道早已。

解讀

作官兒的人奉命要輔佐主人公的話，是不會用兵來強取天下的，這種軍事最好能透過談判解決。要知道能行軍的地方布滿荊棘，軍事行動之後必定帶來饑荒凶年。因此善於用兵的人要果敢，但是也不能強取，才不會拖延戰爭。要果斷但是不會矜持，不會隨意開戰，也不敢驕傲，要知道驕兵必敗。不得已要決定用不用兵的時候，要能夠果敢的選擇，但也不能強硬。但是兩陣對壘日子一久了是會兵疲馬乏的，這就叫做「不道」，「不道」是會早死的。

《道德經》31 章：

夫佳兵者不祥之器，物或惡之，故有道者不處。君子居則貴左，用兵則貴右。兵者不祥之器，非君子之器，不得已而用之，恬淡為上。勝而不美，而美之者，是樂殺人。夫樂殺人者，則不可以得志於天下矣。吉事尚左，凶事尚右。偏將軍居左，上將軍居右。言以喪禮處之。殺人之眾，以哀悲泣之，戰勝以喪禮處之。

解讀

作官兒的我，知道以優勢的兵器作戰得勝的例子不可能在這種「器」面前發生，我們之所以會以為所向無敵是因為人類好鬥，這種「器」是厭惡我們發生好鬥的，所以我不願意處在好鬥的情勢之下。但是身為作官兒的我還是得執行上級的命令，這時居朝廷則要靠近王者的左手，在戰場用兵的話要靠領軍者的右手，這是古代就傳下來的規矩。「用」兵殺人是不祥的「器」，不是作官兒的人「用」的器，不得已的話才使「用」到「器」，但是使用時要盡量平和淡薄為上策。假使戰勝的話並不是美好的事，如果硬要說戰勝是美好的，那就是樂於殺人了，樂於殺人的人，是沒辦法得志於天下的。規矩是這樣定的：管吉事的靠領軍者的左手邊，管戰爭凶事的靠領軍者的右手邊。所以偏將軍排在領軍者的左手邊，上將軍排在右手邊。吊唁要以喪禮相待，如果殺了很多人的話要悲哀流淚，打了勝仗的話也要以喪禮對待就可以了。

《道德經》58 章

「其政悶悶，其民淳淳；其政察察，其民缺缺。禍兮福之所倚，福兮禍之所伏，孰知其極？其無正。正復為奇，善復為妖。人之迷。其日固久。是以聖人方而不割，廉而不劌，直而不肆，光而不耀。」

解讀

　　政事看起來是作得悶悶的，好像沒有什麼作為，但是人民的生活卻會很幸福。如果政事看起來是很有作為的樣子，人民卻會缺東缺西。所以災禍裡面未嘗不隱藏著幸福，幸福裡面未嘗不潛伏著禍根，誰知道要怎麼變化呢？假使不正面治理國家的話，就會變成詭譎權謀在運作。但是假使這時要改回正面治國，卻又會迷惑於利慾薰心的妖孽。人民的迷惑絕不是一天就造成的。所以作官兒的自然人行事要方正而不生硬，要廉潔但是不威脅逼迫，要正直而不放肆，要光明而不耀眼。

　　以「道」來輔佐人主的人，是不會用兵來強取天下的，這種人會回歸於水磁流通的狀態。能行軍的地方布滿荊刺，軍事行動之後必有饑荒凶年。因此善於用兵的人要果敢，但是也不能強取，才不會拖延戰爭。要果斷但是不會矜持，不會隨意開戰，不敢驕傲。不得已要決定用不用兵的時候，要能夠果敢的選擇，但也不能強硬。但是日子一久了是會兵疲馬乏的，就會使得自然通道阻塞而流不出水磁來，這就叫做不道，不道是會失敗的。

《道德經》68章：

　　善為士者不武，善戰者不怒，善勝敵者不與，善用人者為之下。是謂不爭之德，是謂用人之力，是謂配天古之極。

解讀

　　善於作為謀士者不講求武力，善於戰鬥者不會發怒，善於戰勝敵人者不參與和敵人的談判，善於用人者講求作於被用者的後盾。這就叫做不爭之德，也就是用別人的力量來完成任務，這就是配合自古就有的自然通道流出水磁，經過萬物之經以及萬物之母而到位。

《道德經》72章：

民不畏威，則大威至。無狎其所居，無厭其所生。夫唯不厭，是以不厭。是以聖人自知不自見，自愛不自貴。故去彼取此。

解讀

人民不懂得威脅與害怕，但是很容易召來威脅。執政者不可逼迫人民使得他們沒有居住的地方以及沒有謀生計的場所。也唯有不逼迫人民使得他們沒有居住的地方以及謀生計的場所，才不會招來人民的厭惡，而作到親民的地步。作官兒的我心存視而不見的「莫知」，卻知道自己作了什麼事，能自愛但不會自我膨脹。要能知所選擇才好。

「是以聖人自知不自見」就是在天下的「莫知」，「莫知」不同於後世的用語—無知。

《道德經》73章：

勇於敢則殺，勇於不敢則活。此兩者或利或害，天之所惡孰知其故？是以聖人猶難之。天之道，不爭而善勝，不言而善應，不召而自來，繟然而善謀。天網恢恢，疏而不失。

解讀

打仗時僅憑勇敢就殺人的人是容易被人殺害，反而那些不敢殺人的人會活下來。這兩種人哪一種比較有利或有害？又哪裡能知道老天不喜歡哪一種呢？所以作官兒的我真的是很為難呢！如果老天講「磁化」的道理，那就是不爭奪的人自會得勝；不發言的會使人家感到有回應：不召喚也會使得人家自動來；看似無心卻善於策劃謀略。天羅地網雖然網孔很稀疏，但是不會漏掉什麼。

《道德經》74 章：

　　民不畏死，奈何以死懼之。若使民常畏死而為奇者，吾得執而殺之，孰敢。常有司殺者殺。夫代司殺者殺，是謂代大匠斲，夫代大匠斲者，希有不傷其手矣。

解讀

　　當人民被逼到有不怕死的時候，這時候用死來威脅他們又有什麼用呢？假使人民真的那樣反抗的話，若依法我就可以把這個人抓起來殺掉，誰還敢惹我！但是天下的刑法何其多，使得殺人變得是很隨便的事。即使是代替冥冥中殺人者的職責而殺人的人，如醫生醫死病人，就像不知道砍木材的技巧而替木匠砍木材一樣，這種人是往往會砍傷自己的手的。

《道德經》75 章：

　　民之饑，以其上食稅之多，是以饑。民之難治，以其上之有為，是以難治。民之輕死，以其上求生之厚，是以輕死。夫唯無以生為者，是賢於貴生。

解讀

　　戰爭使人民饑饉是因為上位者抽稅太多，所以鬧饑荒。人民難治理是因為上位者無所不作，所以難治理。人民平常怕死但是現在卻不怕死，那是因為上位者厚養自己而使得民不聊生，所以不怕死。也唯有作官兒的自然人讓萬物之母的水磁跨越「德」的門檻而到位，人民才有重視生命的意念。

　　老子是作官的自然人，他以自己的立場說真心話。如果使百姓走投無路，逼不得已起而反抗，為官的可以把他們抓起來殺掉，誰還敢反抗呢？但是依法殺人的人，沒有不傷害到自己的手臂的。

《道德經》79 章：

　　和大怨必有餘怨，安可以為善？是以聖人執左契，而不責於人。有德契，無德司徹。天道無親，常與善人。

解讀

　　假使我對「鼓風的麻袋及鼓風的竹筒」裡頭的靈有很大的埋怨要溝通的話，必定還有餘怨，到底彼此之間進化程度不同，哪裡可以相安無事呢？所以作官的我就像人類在軍事行動上，手握著左半邊的軍事契卷，但是我也不會責怪拿右半邊契卷的人，到底手拿的契卷能不能核對。進一步說有德的人類拿左卷，無德的靈拿右卷，核對起來才能契合。老天對誰都是一樣是不講情理的，但是祂卻常常有利於善良的人類吧！

　　老子是說戰場上要職責分明才能致勝，善人必能團結一致，天下是沒有白吃的午餐的。「是以聖人執左契，而不責於人」，這句話是講制人而不制於人。古時候有兵事時就以契卷分成左右兩半，核對時就以這兩半契卷吻合而確認其事。

肆 /
莊子的
疑惑

肆/ 莊子的疑惑

一.莊子的疑惑

　　莊子曾講了一個故事來說明他心中的疑惑，或許我們許多人連這種疑惑都沒有，莊子的疑惑是關於蝴碟，只不過後世把他的疑惑當成寓言。故事如下：

　　「昔者莊周夢為胡蝶，栩栩然胡蝶也，自喻適志與！不知周也。俄然覺，則遽遽然周也。不知周之夢為胡蝶與，胡蝶之夢為周與？周與胡蝶，則必有分矣。此之謂物化」。

解讀

　　從前莊周（莊子）作了一個夢，夢見莊周變成一隻蝴蝶。這隻蝴蝶可以在夢中很自在的飛翔，很寫意呀！不知道自己就是莊周。突然間夢醒了，這才發現自己是實在在的莊周。其實不曉得莊周是在夢中變成蝴蝶呢？還是蝴蝶夢到自己是莊周呢？莊周與蝴蝶必有所分別，這就叫做物化。

　　古人解釋物化是界限分明的意思，其實物化就是「磁化」，照字面解釋是「水磁」的性質化，這是自然的。連莊子自己都無法以讓人家明瞭的語言來說明這個故事，這也許是學老子的「不言之教」—「無為」而來的。
　　由以上的故事，可知道莊子可能早就對蝴蝶隱喻或是飛碟有所疑惑了。

二．玻璃中的影子

魯迅（1881~1936）在《我的種痘》中講了一個萬花鏡的故事如下：

什麼叫「乖呀乖呀」，我也不懂得，後來父親翻譯給我說，這是他在稱讚我的意思。然而好像並不怎麼高興似的，我所高興的是父親送了我兩樣可愛的玩具。現在我想，我大約兩三歲的時候，就是一個實利主義者了。

一樣玩具是朱熹所謂「持其柄而搖之，則兩耳還自擊」的鼗鼓，在我雖然也算難得的事物，但彷彿曾經玩過，不覺得稀罕了。最可愛的是另外一樣，叫做「萬花筒」，是一個小小的長圓筒，外糊花紙，兩端嵌著玻璃，從孔子較小的一端向明一望，那可是狩歟休哉，裡面竟有許多五顏六色，稀奇古怪的花朵，而這些花朵的模樣，都是非常整齊巧妙，為實際的花朵叢中所看不見的。況且奇蹟還沒完了，如果看得厭了，只要將手一搖，那裡面就又變了另外的花樣，隨搖隨變，不會雷同，語所謂「層出不窮」者，大概就是「此之謂也」罷。

然而我也如別的小孩，但天才不在此例一樣，要探險這奇境了。我于是背著大人，在僻遠之地，剝去外面的花紙，使它露出難看的紙板來；又挖掉兩端的玻璃，就有一些五色的通草絲和小片落下；最後是撕破圓筒，發現了用三片鏡玻璃條合成的空心的三角。花也沒有，什麼也沒有，想做它復原，也沒有成功，這就完結了。我真不知道惋惜了多少年，直到做過了五十歲的生日，還想找一個來玩玩，然而好像究竟沒有孩子時候的勇猛了，終於沒有特地出去買。

法國的笛卡兒（René Descartes, 1596~1650）假設白色光線通過三稜鏡產生分成紅、橙、黃、綠、藍、靛、紫各種顏色的現象，認為是白色光受到了修正。牛頓另外以第 2 個三稜鏡安排在使通過第 1 個三稜鏡後的其中一道光線再通過第 2 個三稜鏡，則並不在後者產生紅、橙、黃、綠、藍、靛、紫各種顏色的現象，而只產生該道光線的顏色，因此牛頓認為光線通過三稜鏡在鏡內產生紅、橙、黃、綠、藍、靛、紫各種顏色，是白色光受到三稜鏡的

折射，使得在其中各色的光線速度不同而有顏色分離的現象，並不是白色光線受到了修正。

萬花筒是由裡面三面梯形的鏡子圍起來的結構，底邊留有空隙讓外面的光線進入，鏡面是向內的，這就如同三稜鏡擺在紙筒裡，但是三面梯形的鏡子外面是鏡子的背面，而兩端是讓眼睛看和讓光線從另一端進來的地方。

三稜鏡剛好是萬花筒三面鏡子形狀的玻璃實質所構成的實體，從萬花筒看到的影像很清楚，但使人眼花撩亂，單獨的三稜鏡只使得白光變成各種顏色，想像一個不佔據空間的三稜鏡物體，但其實萬花筒鏡面向內，以及一個佔有實體的三稜鏡本身空間，但其實三稜鏡光線能通過而分成各種顏色，則上述想像的重疊會有什麼現象？

可能的解釋是模糊的三稜鏡內顏色，被清晰而隨意的萬花筒的鏡子反射回去，也許能看到影像顏色多變的實質具體物件。再加上陽光照射到這個組合內時，則人類眼睛的感覺應會有比現實世界裡更加感覺強烈變化，使得眼睛一開始時不能適應，但一經練習，也逐漸能夠適應了。

據從日本櫻島觀察山陰時集聚在火山附近飛碟的經驗，我們發現從數碼攝影紀錄看飛碟，因為受限於普遍眼眶的生理限制，不同於寬眼眶之靈的視覺。兩種視覺器官在自然界相會，於我們的感覺不是我們可以想像得到的，必須證之以實際經驗。而這種經驗本人在此敘述的同時，也獲得其他場合觀察飛碟的經驗如下：

就像看一面玻璃裡的影子（在玻璃裡只能看到影子），飛碟會隨玻璃晃動而變化，但是從長期的觀察，我們仍能從中觀察飛碟和其色彩的變化，然而背景的影像並不因之變化。

以藍光過濾飛碟飛到山區停下來時，可看到一陣「磁風」自停止處向上吹。

　　因為中國在古代只有銅鏡，沒有玻璃鏡可以從玻璃看到反射的影子，所以莊子可能不是看過 UFO 才講出影子的故事。UFO 的影像很像我們在玻璃的反射所看到的影子，祂們可以隨玻璃的移動完全呈現不同的景色，但是人類所看到的 UFO 卻不是從玻璃的反射，而是從數碼攝影的玻璃鏡頭和電子感光器來看。因此人類所看到的 UFO 隨光線的陰暗而消失，可能 UFO 的指揮系統命令所有的 UFO 讓外界看不見，而使得人類觀察者有熄燈的感覺，所以飛碟的出現不但「適時」而且「適地」。

英國出現神秘 ufo 飛過高速公路上空
www.fjmingfeng.com

英國公布的幽浮報告 2009
www.epochtimes.com

三.莊子講的影子

　　《莊子內篇‧齊物論》有個關於影子的故事,也許是出於他對光線與影子的疑惑才寫下這個故事,當然,他沒有我們今天擁有的觀察飛碟時可運用數碼紀錄的優勢。故事如下:

　　魍魎問景曰:「曩子行,今子止。曩子坐,今子起。何其無特操與?」景曰:「吾有待而然者邪?吾所待又有待而然者邪?吾待蛇蚹蜩翼邪?惡識所以然!惡識所以不然!」

解讀

　　影子的影問影子說:「剛才你走,現在你又不走;剛才你坐著,現在你又起來;怎麼那樣沒有操持呢?」影子回答說:「我在等待什麼才這樣嗎?我所等待的又在等待什麼才這樣嗎?我在等待蛇的腹下長出蚹,蜩長出翅膀嗎?可以這麼說,也可以不這麼說。」

　　「景」是物體在光線下的影子,「魍魎」是影子的微陰。

莊子清 光緒刊本
big5.hwjyw.com

CHAPTER
05
————

伍/
進化
與
寬眼眶

伍 / 進化與寬眼眶

一. 地球的陸塊

　　古代地質的考古學可分為年代地層學（chronostatrigraphy）及地質年代學（geochronology），兩種分類研究都是以年代為根據，但是時間實在不宜以平面數學來作線性計算，特別是年代久遠的時間易混淆真相，或許以時間的對數來考慮比較是權宜措施，因此上述兩種分類法並不很適合。

　　然而地質考察研究，自 1907 年瓦考特（Charles Walcott, 1850~1927）在西加拿大山區，發現有大量低等動物化石，被鑑定為寒武紀（Cambrian Period）5-6 億年前所遺，這個原是達爾文寫《物種原始》之際已為地質學界普遍所知，英國西南方的威爾斯（Wales）地區包含三葉蟲（trilobite）的深厚岩層露頭就命名為寒武紀。這樣說來所謂寒武紀的年代，雖然有放射性同位素的半衰期可供參考，不幸的是半衰期也是線性計量。總而言之，古代地質的年代分類只可供參考而已。

　　即使地球的年齡科學家聲稱有 46 億年，但是 46 億年概念是什麼卻沒有人知道。假如我們知道 6 億年間發生了什麼具體的變化，也許我們能有個概念知道那是什麼？以下是有關 6 億年進化的例子。

　　在 2 億 3 萬年前的三疊紀（Triassic Period），原本全球的所有地陸地是連成一塊並由火山包圍，2 億 3 萬年前陸地分離動作已經準備好了，在之前的 4 億年期間地球的海中曾經有生物生長過，如同 2011 年 3 月日本東北發生海嘯的海中生物。

寒武 三葉蟲化石
zh.wikipedia.org/zh-tw/ 三葉蟲

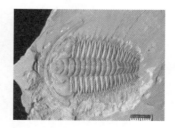

寒武 三葉蟲化石
zh.wikipedia.org/zh-tw/ 三葉蟲

根據大陸漂移說,研究者認為約在 2 億年前侏羅紀來臨前,盤古大陸（Pangea）開始分裂,原來聚合在一塊的陸地分成南北方,北方是勞亞古陸地（Laurasia）包含今北美洲、歐洲及亞洲;南方則包括今南美洲、非洲、馬達加斯加島、印度、澳洲及南極大洋洲圍成一塊的岡瓦納（Gondwana）古陸地。1915 年,韋格納（Alfred Wegener, 1880~1930）提出大陸漂移說,認為在世界地理今非洲西北邊轉角的賴比瑞亞、奈及利亞、加彭組成的凹角,和南美洲今巴西的東北邊的凸角兩者剛好契合。

　　從已知的證據來說,達爾文所講的人類是從猴子進化而來是說對了,但是他沒想到靈可能是從地球上寬眼眶的猴子進化來的,更不用說澄江淺海化石群可能是在時間和距離（地點）上,到達了地球的漩渦形的旋轉空間,而所到的這一點恰好是地球的澄江淺海化石群這一現象。

板塊與各種地質構造的關係
pei.cjjh.tc.edu.tw

二. 在澄江淺海化石群

中國的徐霞客（1586~1641）是四百多年前明朝末年的旅行家，其著作《徐霞客遊記》後世流傳甚廣。根據《徐霞客墓志銘》，其先人世居雲南澄江之梧滕里，他帶魏姓僕人徒步登過他家附近的山區，並寫下描述雲貴高原旅行紀錄，輯成《徐霞客遊記下冊・滇遊日記》共 13 篇。以當時的徒步爬行山區的速度來算，前 4 篇應該是記載古澂江府附近的地理（按：「澂」為「澄」之異字）。

徐霞客可能幼年時在家鄉看過澄江化石，才有立志走遍中國山川的志向，連科舉落第以後，也不像別人一再重考，他喜讀奇書及地理書，下定決心要將江山實地看個究竟。這才有《滇遊日記三》初七日所看到的「其石質幻而異色，片片皆山英絕品」，以及同篇盤江考附的「石多幻質，色正黑如著墨，片片山英絕品。」的描述，這就是澄江淺海化石群的來歷。

位於中國西南的喀斯特（Kerst）石灰岩地形，包括雲南省東半部、貴州省、鄰接的四川省、重慶市、湖北省、湖南省、廣西壯族自治區及廣東省西部，地理位置由西北向東南傾斜。

為什麼在徐霞客所看到的澄江化石叫做淺海化石群？這得從寒武紀說起。

學界推測雲貴高原形成的原因，可能是 1,000 萬年前向北漂移的印度次大陸與緬甸火山同時從海中隆起，喜瑪拉雅山因此升入雲霄。像這樣從深層的海洋隆起的造山運動，若以 2011 年 3 月 11 日發生在日本東北大地震引發的海嘯為例，大海嘯摧枯拉朽地將沿海邊的房屋建物車船樹木一併沖走，在短時間內形成一種對於人類而言是緩衝的極限。像這樣的場景自寒武紀以來地球上不知重覆發生過多少次，如同 1,000 萬年前造山運動結果再次呈現在我們的眼前，只不過當時隆起的範圍，包括前述雲貴高原的喀斯特石灰岩地形。

1,000 萬年前地球氣候漸冷，造山運動使得喜瑪拉雅山在那一波的造山運動中脫穎而出，這一片喀斯特石灰岩地形向北方緯度升起，造成今天雲貴高

原平均在 2,000~2,200 公尺的高度，東南方平均為 100~200 公尺低地的平原。而原來在未上升前的深海，上升後變成西北方兩千多公尺高山內的淺海，形成澄江淺海化石群而被徐霞客發現。

徐氏在四百多年前發現這一化石群，使他決心遍遊中國山川，這才有了《徐霞客遊記》，間接啟發中國研究人員於 1984 年，發現澄江淺海化石群有水母、三葉蟲、節肢動物、魚以及藻類。

明 徐霞客 1587 - 1641
zhaoma.ueren.com

徐霞客行旅圖
www.kj800.com

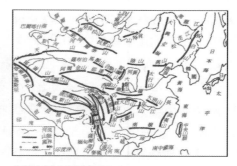

中國主要山脈分佈圖
csm01.csu.edu.tw

三．蜥蜴的進化

　　三葉蟲在寒武紀的化石中頻頻被發現，不但在 6 億年後的今天還可以在海中找到三葉蟲的近親「鱟」，而且在中國四川省的農田裡，還發現一種類似鱟的幼蟲。我們實在難以想像 6 億年的遺跡，對人類而言不可思議的錯覺，三葉蟲的化石與鱟及四川的類似幼蟲的影像擺在我們眼前的話，6 億年究竟應如何看待，也許我們在時間的計量上不知覺犯了某種錯誤。

　　3 億 5 千萬年前的石炭紀（Carboniferous Period）有大量碳酸鈣的沉積，是 4 億年前的泥盆紀（Devonian Period）所遺留的泥漿中，從地球中陸續浮出的泥漿成南北向排列陸地，以南方的陸地為大宗，地質變硬後適合大型陸生動物在其上生活，這時原始的爬蟲類開始出現在地球上。大約在二疊紀（Permian Period）早期，有風帆式的蜥蜴兩異齒龍（亦有分類成盤龍）在這時出現，在南美洲發現的始盜龍（Eoraptor）的化石，是接着在 2 億 3 萬年前的三疊紀岩層中出土，接下來是 1 億 9 千萬年前大型恐龍橫行的侏羅紀（Jurassic Period），及 1 億 4 千萬年前白堊紀（Cretaceous Period）的恐龍消失。

　　但是蜥蜴這類動物一直到今天還在地球上存在，只不過我們不知道從石炭紀蜥蜴的祖先鬣蜥出現，到今天的演化到底是怎麼回事？但是我們知道馬雅人崇拜鬣蜥，並且從老子的《道德經》55 章，我們也許可以想像老子在 UFO 裡聽到的聲音，以及他猜測在那兒的靈就是鬣蜥。

　　美洲的鬣蜥耳孔下方有黑白相間的環狀圓斑，非洲馬達加斯加島及另一端南太平洋的斐濟群島的鬣蜥則無這種環狀圓斑。馬達加斯加島是鬣蜥祖先的原居地。據研究 2 億 3 萬年前地球的陸地聚攏成一大塊且外面圍繞火山圈。之後聚攏成一塊的南方 Gondwana 古陸開始分離，因此後世的恐龍化石在全球各地發現。原本和馬達加斯加島連接成一塊陸地的斐濟群島此時開始向東分離，而原先併在一起的南非洲和南北美洲也離開馬達加斯加島向西而去，所以造成今天的馬達加斯加島和斐濟群島有相同祖先的鬣蜥後裔。有可能從這一群後裔之中產生鬣蜥之靈，包括北美洲、加勒比海和達爾文考察過的東

太平洋 galapagos 群島的鬣蜥。

　　筆者感到興趣的是孤立於南太平洋的斐濟群島的兩個大島，長不足百公里，寬在 40 公里以內，居然藏着鱷魚及鬣蜥。蜥蝪的祖先始盜龍的化石在三疊紀（Triassic Perio）的岩層中出現，這表示鬣蜥的祖先早已分布到各個大陸，而不是在馬達加斯加島和斐濟群島分離之前擴散到斐濟群島。

　　美國歷史學者科索克（Paul Kosok, 1896~1959）到秘魯的納茲卡谷地，考察疑似古運河遺跡，之後他留下研究人員瑪麗亞（Maria Reiche1903~1998）自 1940 年起在現場研究長達 58 年。檢視瑪麗亞於汎美公路開通以前，所繪的納茲卡谷地圖樣資料，除了猴子（monkey）圖案帶有一同心圓的類似捲曲的圖樣外，在鬣蜥圖案旁邊也有一同心圓，可惜汎美公路破壞了這個圖樣，另外在蜘蛛（spider）圖案的範圍也有一同心圓。

　　從考古推測頜鋸齒龍（Priodontognathus）是白堊紀末期的一種恐龍，體長 3 公尺。腦部如果翻成蠟塑，則形狀像一個人的手掌向下食指指向前面，餘指向下捲起的狀態。前面的食指是大腦的額葉，手掌是頂葉約佔一半的體積，後面的凹槽是枕葉，可能沒有顳葉，腦部的總容量跟成人的容量不相上下，智慧可能很高。鬣蜥腦部只佔頭整個頭顱約 1/10，並且與身體的重量不

秘魯納茲卡遺跡圖
blog.sina.com.tw

納茲卡線猴子圖
san23.pixnet.net

成比例，但是腦部以外的身體只是植物性身體，腦部除了掌管這些植物性功能外，還有智慧，而智慧應該是進化的原動力。古生物考古界認為腦容量與身長的比例愈大智慧愈高，也許某一演化支的蜥蜴可能成為鬣蜥之靈。

人類大腦外層的皮質可分為前面的額葉、中間的頂葉、後面的枕葉和兩旁的顳葉 4 部分，人類的額葉主司智慧、知覺和運動，顳葉主司感情，頂葉與枕葉研究並不多。但是古代的馬雅人有一習俗，是將幼兒額頭用木板壓縮使頭頂隆起，馬雅愛好大自然，且不擅於發展鐵器作戰。是否由此我們能推論頂葉隆起使馬雅人愛好和平，進而推測納茲卡谷地的遺蹟可能是鬣蜥之靈的圖像，而這種靈也愛好和平？因為祂的頂葉可能像現代的鬣蜥佔據大部分的大腦。

鬣蜥的雙眼各朝兩邊看，所以沒有立體視覺，不像人類有立體視覺，而這種感覺在我們看立體電影時特別能顯現出來。此外蜥蜴的皮膚顏色多變，以動物的適應能力來說，鬣蜥的彩色視覺應該很強，雖然沒有立體視覺，憑彩色視覺能力或許可瞄準微小的目標。

老子在《道德經》55 章說過，「蜂蠆虺蛇不螫」—蜜蜂、蜘蛛、蜥蜴和蛇不會螫我，是否能解釋做他有可能遇見像納茲卡谷地的鬣蜥或蜘蛛之靈，才有後句的那種擬聲語聽起來像號聲，而不像壁虎的叫聲嘎嘎嘎？至於納茲卡谷地的圖樣出現由何而來，筆者另外在麥田圈時再推論。

因為鬣蜥的特徵是隨著獲取的食物種類和生活環境微調變色，還能斷尾求生，如果再加上大腦頂葉發達以及彩色視覺很強的話，則可以想像鬣蜥之靈是個愛好和平、能分辨微小標的物、善於和周遭環境調配顏色，而且一定具備「磁化」的隱形能力。

四 . 蜥蜴與山海經

知心術高手梅辛（Wolf Messing, 1899~1974）於 1916 年和佛洛伊德以及愛因斯坦在維也納見面時，不靠講話而以知心術來溝通，這種唯心的溝通方法是異類溝通的方式。

中國的古書《山海經》所形容的龍與蛇，是否也是當時某地鬣蜥之靈的祖先，也就是風帆式的兩異齒龍，或者是人類遠祖流傳下來的故事？

流傳下來的方法就像今天我們以電腦程式顯現文字，儲存或表達意思一樣，《山海經》是先民以結繩記事流傳下來，類似古希臘柏拉圖以前的唱出語標（Logos）方式，也就是說話傳播，而後代再以文字紀錄。《山海經》直到西漢末年才由官員寫成書而流傳至今，其成書年代在王莽篡位東漢前 14 年。

《山海經》的內容是自遠古時代流傳下來的中國及附近疆域的地理古書，其中的南、北、西、東經及中山經，正好相當於中國現有的疆域，因此可根據原文推測並輔以考古地裡比對其中的含義，這是現代西方國家及其他民族沒有的。

中國自 50 萬年前北京人的舊石器時代開始，先民就定居在這片特殊複雜的廣大地理環境，而地球上其他地區的民族則屢屢被迫遷徙，以至於忘記他們遠古時代的過去，例如古埃及因為地理環境單純但民族複雜，後人也無法保持遠古的記憶。

老子的《道德經》是以周朝的官話編寫的，這種河洛官話的發音還保留在今日的閩南話上，百年前的臺灣人李春生（1838~1924）寫了《天演論書後》駁斥嚴復（1854~1921）翻譯赫胥黎進化論的一些問題。從李春生的文字中筆者了解到兩人的誤會，是起於西方的 nature 應是本質的意思，與老子所講的自然，意思不同。中國位於東亞一隅，就像撒哈拉沙漠的特殊地理延緩了西方其他民族入侵黑人的祖居地一般，西北大戈壁也阻礙了西方其他民族入侵中國，因而也影響了中西文化的某些交流。

中國地形封閉，過去與世界各地往來不多，因而能保持固定的民族與語

言的連續性，筆者與老子時代相隔 2,500 年，但透過方言的傳播去了解，還是能夠找出自然與本質的差異。由此淵源與道理，深入研究《山海經》的神話傳說是值得重視的。

筆者注意到《山海經》是從「青雘」這一詞開始的，因為筆者的家人研究臺灣藍草植物製造藍靛染料的加工技術。傳統閩南語稱藍草為「青仔」，仔字表示尾音（仔只代表鼻音），而古語「青雘」的雘發音如收穫的穫，是一種輕音，比較起來兩者發音相近。藍染植物之一的山藍（俗稱馬藍）是分布在亞熱帶的中國東南部山區潮濕處，比對結果，適合山陰處自然生長的山藍應該就是《山海經》裡的「青雘」。另外有一種藍染植物叫做蓼藍，生長於溫帶地區平原。藍草需要大面積栽種生產，才能精製生產藍靛染料，供應民生染色所需。

筆者發現「青雘」只出現在南山經及中山經，依此追蹤到洞庭湖南部衡山地區的山藍及荊山漢水地區的蓼藍。

《山海經》南山經「其首曰招搖之山。臨于西海之上」，西海指的是廣東雷州半島與越南之間的海。「英水出焉。南流注于即翼之澤」，翼之澤可能指的是廣州灣。「青丘之山。其陽多玉。其陰多青雘」指的是在山陰長了許多山藍。

南次二經有「會稽之山」及「夷山」，可能是指浙江的會稽及福建的武夷山。這個地區也有山藍，「福建青」於明朝即享盛名。

南次三經指的是雲貴高原，因為「有穴焉。水出輒入。」是表示地下河流，而這正是雲貴高原的特徵。「其南有谷」或「其南有谷焉」都是指雲貴高原的山谷。造成這種喀斯特地形（karst）的原因，是 1,000 萬年前的喜瑪拉雅山造山運動，使得雲貴高原的原始地質自深海中突起，因而產生澄江淺海化石群。

南次二經「其中有虎蛟。其狀魚身而蛇尾。」在中國雲南省祿豐縣南部，舊名為盤龍鎮附近的恐龍谷，是一個東西寬 3 公里南北長的所謂隕石坑，因

為隕石坑通常是圓形的，所以這可能不是隕石坑，而是雲南省中心的低窪之地，以盤龍鎮這個地名來推想，在遠古時代這個地方也許有風帆式兩異齒龍生存過，或者是風帆式的兩異齒龍的故事為人流傳也說不定。

上述風帆式的兩異齒龍與盤龍鎮的關係，筆者認為除了馬達加斯加島和2億3萬年前分離的斐濟群島是鬣蜥祖先的發源地，寒武紀的三葉蟲和四川農田發現的類似鱟的幼蟲也是跨越時代的。其他例子還有石炭紀之前的泥盆紀（Devonian Period）的魚石螈和現代的腔棘魚（俗名郭仔魚）的傳承性，西方分類學把外型完全不同的被囊動物（tunicates）和文昌魚（Amphioxus）歸成同一分類，在演化系列中可互相替換，相當令人不解。

如果進化論認為幾億年前的古生物可以演化成現代的生物，那麼我們亦可將祿豐縣恐龍谷的現實性，及《山海經》的雲南地區「其神狀皆龍身而人面」的神，當成風帆式兩異齒龍流傳到人類世界的故事？南次三經有「其中有虎蛟，其狀魚身而蛇尾」，根據明朝蔣應鎬繪的《山海經》圖本，虎蛟就像一隻風帆式的兩異齒龍，似乎應可進一步支持這個說法。這樣說來後世把這個地方命名為盤龍或盤龍鎮，未嘗不能說得通？

南山經的「其神狀皆鳥身而龍首」、南次二經的「其神狀皆龍身而鳥首」，以南山經神的描述來說，雲南恐龍足跡化石之發現，似可推測風帆式的兩異齒龍是自2億7千萬年來流傳下來的。

《山海經》東山經所指的地區，是今中國山東半島及洞庭湖地區。4,000年前的大禹治水時要到東南方的會稽，可走四川、湖南、江西、浙江的高地這條路，要到山東可從黃土高原走陸路到達，當時的黃河下游還沒有氾濫的問題，因為黃河半途就流到南方的內海了，當時山東的內陸側原本都是山脈。

有關河川長期沖刷表土而成河道，依古埃及5,000年前大洪水退卻後的情景是一例，當時該地東部山脈露出地面，從南方內陸延伸到尼羅河三角洲西面至地中海。尼羅河延伸到地中海出口後，河川的沖刷使得山脈切斷成為三角洲的一部分。

　　由於內海退縮，歷史上的中國黃河下游才頻頻改道，其紀錄如下：戰國故道、西漢故道、東漢故道、宋河北派、宋河東派、明萬曆至清咸豐故河道、1855 年銅瓦廂決口以后的黃泛區範圍、1938 年花園口決口以後的黃泛區範圍。

　　今天的渤海在山東半島的北方，當時可能也有海進情形，東山經裡的食水向北流入今渤海。「又南三百里。曰泰山。」泰山就是今山東省的泰山。但是「環水出焉。東流注于江」及「又南三百里。錞于江」，似乎可理解是後來大陸的內海退卻後，改變原來的方向而流入長江。

　　東次二經有連續兩段話，「又南水行五百里。流沙三百里。至于葛山之尾。」和「又南三百八十里。曰葛山之首。無草木。灃水出焉。東流注于余澤。」包括葛山的首尾。

　　《孟子‧滕文公》曰：「湯居亳。與葛為鄰。」王玉哲考證葛是今山東省的商丘市附近之寧陵，但是商丘市雖位於山東省的泰山山脈附近，卻是低窪的地區，不像葛山。推測其原因是史前時期的黃河下游屢次改道所致，使得原來山東南方的葛山被削成低窪地。

　　高地被黃河下游削為低窪地的例子，還可以找到北宋沈括（1031~1095）在山東西北方的紀錄以茲證明。沈氏出使北方和燕京（北京）的遼國談判，每次都要繞道經過太行山南麓。他在《夢溪筆談‧卷二十四‧雜志一》寫道：「予奉使河北，邊太行而北，山崖之間，往往銜螺蚌殼及石子如鳥卵者，橫亘石壁如帶。此乃昔之海濱，今東距海已近千里。所謂大陸者，皆濁泥所湮耳。」譯文如下：

　　我奉命出使河北，沿著太行山（南麓）向北方走，山崖之間常常看到蚌殼及石子銜接在一起像鳥蛋一樣，成大片帶狀附著在石壁上。這個地方古代是海濱，現在從這裡向東距離海濱已有千里之遙。所謂的大陸，我看都是混濁的泥土所淹埋的。

中國古代從西北方陸路到達東方的山東地區，如果要再向西南方探險的人，當時所能用的交通工具就是小舟，所以東次二經葛山首尾的這兩段話，應可解釋從東方的山東地區搭小舟出發，遇到「葛山」。若照沈氏字面上解釋是「葛山」的首尾連接了兩個地方，但是第一段話「又南水行五百里。流沙三百里」。以今天的口語來表示或許是：「這段旅程搭小舟上行，又下來走了很遠的沙灘路。」所以感覺上好像完成了「葛山之旅」的行程，最後到達澧水。余澤可能是今天的洞庭湖。至於「澧水向東注入余澤」這一句，筆者認為可能是回首遙望，看到澧水向東注入洞庭湖。

葛山之首與葛山之尾的陰錯陽差，還可從中次九經看得出來。該經提出「岷山之首」也就是自黃河的源頭南流東注於無達這個地方，在主流拐個彎以前，向東南方向分出支流到達岷江後，一直都是向東北及向東的方向，直到葛山，也就是葛山之首。然後有「又東二百里。曰葛山」字句。但是該經又有「又東北三百里。曰岷山。江水出焉。東北流注于海。」也就是到了所謂葛山之首，亦即本經的岷山，就碰到了長江。當時自長江中游向東北方向就碰到海，也就是海進時期的內海，所以有葛山之旅。

此外，東次三經的岐山，並非周朝先人的封地一今陝西省的岐山。「又南水行五百里。曰流沙。」及「又南水行五百里。流沙三百里。」，是指坐小舟在內海划到洞庭湖附近靠岸下船，再走了很長的流沙路。

東次四經「曰北號之山。臨于北海」、「食水出焉。而東北流注于海」及「泚水出焉。而東北流注于海」的海，都是指今渤海。「又東二百里。曰太山」，可能是指泰山山脈的山。

東山經描述的「其神狀皆人身龍首」可能都是講風帆式兩異齒龍為人類流傳的故事。該經的泰山指的是今山東省的泰山。山東省諸城市庫溝村北發現大面積的恐龍化石群，似可呼應筆者所認為風帆式的兩異齒龍以知心術流傳下來，而先民多數了解這個說法的可能性。

北山經有「伊水出焉。西流注于河。」此河指黃河，洛陽地區的伊水是

向東流注於黃河。「杠水出焉。而西流注于泑澤。」泑澤可能是今新疆維吾兒自治區的羅布泊，因為在其附近的樓蘭古城，在漢代是通往今日印度的貿易的中途站，北側有前往中亞的天山絲路。

「敦薨之水出焉。而西流注于泑澤。出于昆侖之東北隅。實惟河原。」青藏高原的崑崙山，其東北方向的羅布泊地區離黃河的發源地不遠，所以北山經是指新疆的羅布泊、甘肅、寧夏地區。

這些地區發現了許多恐龍化石，今日大戈壁是古代恐龍的樂園。北山經說「其神狀皆人面蛇身」，也許是風帆式兩異齒龍透過知心術，把訊息傳給人類而成為北山經的內容。

北次二經有「汾水出焉而西流注于河」、「汾水出焉而東南流注于汾水」及「晉水出焉而東南流注于汾水」，汾水、晉水在今山西省。所以指的是今山西省。「其神皆蛇身人面」可能同樣是風帆式兩異齒龍，透過知心術輾轉相傳變成北次二經的內容。

北次三經的「太行之山」是指今山西省南北走向的太行山，該經的精衛填海故事「常銜西山之木石以堙於東海」的西山可能就是太行山。因為古代海水曾從東向西淹沒到太行山麓，西山因為地勢高沒被淹到水，所以傳說精衛這隻白喙赤足紋首的鳥，能夠銜西山裡頭的木石丟到東海企圖填滿它。

「沁水出焉。南流注于河。」河是黃河，是指太行山以西的今山西、陝西省。

西山經的四個次經是指今陝西省的關中地區及西域部分，沿河西走廊再向西，超過羅布泊再向西走，遠至新疆的天山地區，隔今塔里木盆地與南方的崑崙山脈遙遙相對。

西山經的「華山之首」是指今陝西省的西嶽華山。「丹水出焉。東南流注于洛水」及「丹水出焉。北流注于渭」是指渭河盆地的河流。「涔水出焉。北流注于渭。清水出焉。南流注于漢水」是指秦嶺山脈的河流。

西次二經的「涇水出焉。而東流注于渭」是指渭水的上游。

西次三經的「又西北三百七十里。曰不周之山」及「臨彼嶽崇之山。東望泑澤」，讓我們知道不周之山的位置已越過羅布泊，也許是天山山脈。「觀水出焉。西流注于流沙」是指流入沙漠的河流。

「又西北四百二十里。曰鍾山。其子曰鼓。其狀如人面而龍身」，意指「鼓」是鍾山山神燭龍（燭陰）的兒子，樣子像人面龍身。因為燭龍與燭陰以現代的解釋是指北極光，而極光是地球的外來的光線，在夜間才看得到，所以在《山海經》泛指「崑崙之陽」。這樣看來中華大地曾經是蠶蜥的祖先或恐龍的樂園，怪不得在中國發掘了許多恐龍化石，由此進一步鞏固筆者推測關於風帆式兩異齒龍以知心術將這樣的故事流傳下來，是先民知悉的想法。

「西南四百里。曰昆侖之丘」，意即再向西南方約四百里，有崑崙山口及巴顏喀拉山口，這是黃河的源頭。「河水出焉。而南流東注于無達。」黃河從這裡再拐個彎以前是朝東南方向流出來到無達。「赤水出焉。而東南流注于氾天之水。」然後再向東南方流到今四川省的岷江。「洋水出焉。而西南流注于醜塗之水。」黃河也在這裡向西南流入金沙江。黃河的主流走完了開頭這一段，隨即順地勢迴轉向北再向西拐個大彎，流經青海省的青海湖附近，然後向東北方向流向黃河的河套地區。

「又西三百五十里。曰天山。」再向西到了新疆及鄰國的天山山脈。

西次四經的「又西五十五里。曰涇谷之山。涇水出焉。東南流注于渭」，指涇水向東南流向渭水。「渭水出焉。而東流注于河」，即渭水向東流入黃河。

中山經到中次七經，是指黃河在河套地區進入黃河中游的轉彎處，有關周遭的地河流及地理。

中山經的中次八經，有「荊山之首。……東南流注于江」，江就是長江。「又東北百五十里。曰驕山。其上多玉。其下多青雘」及「又東北二百里。曰宜諸之山。其上多金玉。其下多青雘。」此處所指的青雘並不是種植在亞熱帶山陰潮濕處的山藍，可能是屬於溫帶平原的蓼藍植物。

「又東百五十里曰岐山。其陽多赤金。其陰多白 。其上多金玉。其下多

青膊。」似乎亦指種植蓼藍，但是岐山應該不是周朝先人的封地－陝西省的岐山。

「又東北一百里。曰美山。……其上多金。其下多青膊」及「又東北三百里。曰靈山。其上多金玉。其下多青膊」，其青膊推測都指蓼藍植物。

中次八經的後半部都是講荊山東南方的地區。「又東南五十里。曰衡山。上多寓木穀柞。多黃堊白堊」是講洞庭湖以南的南嶽衡山。這個地區的「又東五十里。曰師每之山。其陽多砥礪。其陰多青膊」，可能是講衡山以南的師每之山的山陰處種植山藍。

在「又東百三十里。曰光山。其上多碧。其下多水。神計蒙處之。其狀人身而龍首。恒遊于漳淵。出入必有飄風暴雨」，應該是指洞庭湖、九江之間有計蒙神，也就是此地區也有風帆式兩異齒龍流傳下來的故事。

中次九經岷山之首，指的是今四川省一帶。「洛水出焉。東住于江。」江是長江，所以洛水不是河南或陝西省的洛水。「又東二百五十里。曰岐山。」岐山並不是陝西省的岐山。

「其神狀皆馬身而龍首」的龍的傳說，我們應可猜到這一帶有風帆式兩異齒龍流傳下來的故事。

中次十經「又西二十里，曰又原之山。其陽多青膊。其陰多鐵」，因為本經是向西或西南，所以是指的是湖北與四川之間。「其陽多青膊」是表示日照平原處種植的是蓼藍植物。

中國四川省自貢市發現大量恐龍遺骸，應可支持該經講的「其神狀皆龍身而人面」的傳說，而這可能是風帆式兩異齒龍流傳下來的故事。

中次一十一經的「又東南三十五里。曰即谷之山。……其陰多青膊」，表示這個地方在南部的亞熱帶山谷地，栽種背陽喜潮濕的山藍植物。

「又東四十里。曰嬰山。其下多青膊」，後述「又東三十里。曰鯢山。……其下多青膊。」接下來是「又東三十里。曰雅山。澧水出焉。」澧水是洞庭湖向南的支流。這些段落是表示位於向東的河流平原，所以山下平原栽種的

是蓼藍並不是山藍。

　　但是同一次經的「又東四十五里。曰衡山。其上多青雘。」是表示山上種的是藍草，但是由中次八經可知道衡山已接近山陰處，可能種植的是山藍。

　　中次十二經是洞庭山之首，也有提到「又東南一百二十里。曰洞庭之山。……澧沅之風。交瀟湘之淵。是在九江之間。出入必以飄風暴雨。」指出洞庭湖與九江的相關地理位置。

　　該經有「其神狀皆鳥身而龍首」語句，由此可見得這一帶也有風帆式的兩異齒龍流傳下來的傳說。

　　總結南山經、東山經、北山經，西山經及中山經所講的古地理，大抵是在中國的疆域之內，只缺少了長江下游及黃淮平原，細究起來在結繩記事時代，這些地方還是內海的關係。2,500 年前的老子時代，海退之後可能只退到老子的家鄉一帶，其退後水線也許是今日山東以南的湖泊到太湖地區。2,500年之後海退至東海，中國多了上海市及南京市。

山海經地圖
www.521yy.com

山海經地圖
wx.cclawnet.com

山海經
catalog.digitalarchives.tw

五．猴子的進化

　　400 年來西方一直以歐洲為中心來思考這個世界，就連史前世界也不例外，例如在這樣一幅 2 億年前的假想圖中，不可避免地忽視了中國與東南亞和馬達加斯加島的關係，西方通常只想到同樣是印歐民族的印度和實行過白澳政策管理澳洲，在這幅圖中應該是佔個什麼顯要位置？

　　馬達加斯加島和鄰近的非洲大陸，直至今天還有普通眼眶的指猴（aye-aye）和寬眼眶的眼鏡猴（tarsier）。這兩種猴子都長得很小，當然外觀差別很大，如果要討論猴子特徵上的差別的話，那就只有普通眼眶和寬眼眶之差了。我們不妨大膽假設馬達加斯加島和鄰近的非洲大陸，是進化成今天的人類及今天寬眼眶之靈的原始來源。

　　地球過了恐龍橫行的侏羅紀之後進入白堊紀，原先在三疊紀時攏成一大塊的陸地被火山圈包圍，圈內包括北方的勞亞古陸地，以及今南美洲、非洲、印度、澳洲、馬達加斯加島、中南半島、蘇門答臘、爪哇、新幾內亞、新西蘭、大洋洲所組成的南方古陸地。

　　其火山圈的火山可能像今天非洲埃塞俄比亞阿法爾州（Afar），在 2005年短時間內出現裂縫的火山，該火山高數百公尺，深可達海底，火山群範圍可達 60 公里。

　　白堊紀因為大量碳酸鈣使得生物死亡而四處沉積，圍繞在兩塊大陸的火山圈裂開而向四處游移，使得盤古大陸分崩離析，人類與寬眼眶之靈的祖先在這之前，可能只有在馬達加斯加島出現，由此而散布到亞洲其他島嶼以及南美洲。

　　馬達加斯加島在 2 億年前，南方 Gondwana（岡瓦納）古陸開始分離之時，東邊是和古蘇門答臘以及今日的馬來西亞、緬甸等連接，向南則通過今天的爪哇向北方的菲律賓、臺灣島、日本、阿拉斯加、北美洲、南美洲、非洲連接的。有一旁支則自今日的爪哇向東到新幾內亞、新西蘭連接到南極的大洋洲、或南太平洋中央的斐濟群島，再連接南非洲而馬達加斯加島。從馬達加斯加島向西北連接今非洲東南部，向西連接南美洲及北美洲，北美洲是

和歐亞大陸連接的，如此所有陸地被火山環繞一圈。

　　岡瓦納古陸分裂前，沒有火山的印度和澳洲是連接在一塊漂浮的，當這兩塊大陸彼此分離後，馬達加斯加島以東的外圍火山圈裂開，使得 7 千萬年前的澳洲大陸突破火山圈向東漂移，印度次大陸則向未來的喜瑪拉雅山方向移動。從馬達加斯加島向東裂開的火山圈，形成了今日蘇門答臘以東火山群外圍的陸地及島嶼，另外還有向東南方漂移遠離的澳洲大陸。

　　進入新世代的 54 萬年前，漂移向北方的印度次大陸，與早已從外圍火山圈分出來的緬甸火山，及其東方陸地的今日中南半島，約於 1,000 萬年前撞上歐亞大陸，因此形成了中國澄江淺海化石群以及喜瑪拉雅山脈。

　　至於古大陸為什麼會漂移？從地球的科學研究來講，其因素可能是地震與海嘯。2011 年 3 月 11 日的發生於日本東北大地震及引發的海嘯，從人造衛星測量日本國土，得知日本本州的土地向東南方移位數公尺。像這種的小移位假使用地質年代累加起來，其實得到的是天文數字。以數字運算不見得能夠符合地球的變化現況，但最低限度應以時間的對數來運算，何況古代地球的陸塊與海洋等各種狀態不見得跟現代的相同。

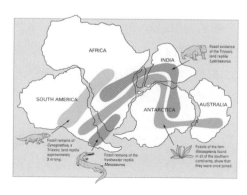

大陸飄移說
csm01.csu.edu.tw

六．人與寬眼眶靈的起源

考古學家在非洲埃塞俄比亞的 Afar 火山裂谷地區的 Awash 河附近，多次調查總面積數十平方公里，厚度一公里的岩石地區，在這個小範圍內就發現有各種時期人類祖先的化石。總結有 8 種跨越 600 萬年，與現代的黑猩猩祖先分歧出來的人類祖先的化石。

在這樣一個小地區能發現跨越時間那麼長的人類祖先的各種化石，表示人類的進化在蒙昧時期內，只是在同一地區活動，特別是在古老岩層的火山地區，如 Afar 火山裂谷地區。但是猴子在地球的散布則不然，想來黑猩猩等的祖先因為逐林而居，自然就散布到全球各地適合居住的地方。以中華曙猿（猴）及世紀曙猿為例，可能 4,500 萬年前，分別出現在中國的江蘇及山西地區，而同一時期名為 Darwinius masillae 的原始猴類化石，則在德國廢棄礦坑被挖掘出來。

我們不知道猴類的共同祖先是在哪兒發生，但是從今日馬達加斯加島有普通眼眶的猴類和寬眼眶的眼鏡猴，再加上 2 億年前該島是接近 Afar 火山裂谷地區，則我們應可以推測，4,500 萬年前之前的馬達加斯加島是猴類共同祖先的發生地。

如果依 2 億年前被火山圈圍繞的盤古大陸地圖來講，則寬眼眶的猴子分布地區從南美洲→馬達加斯加島→甸及中南半島→蘇門答臘→爪哇→婆羅州到菲律賓群島都有。眼鏡猴的成猴大小只有小狗大，而分布於中南半島、蘇門答臘、爪哇、婆羅州的寬眼眶猴「懶猴」（Slow Loris），其成猴只有半公斤左右。雖然分布於今日南美洲巴西東南部的寬眼眶猴「絹猴」（Tamarin）只有掌中玩具般大小，分布於委內瑞拉南部及巴西北中部的寬眼眶猴「貓頭鷹猴」卻大如犬狗。假使從人的身長大小來考慮進化的順序的話，那麼今天全球寬眼眶的猴子則以南美洲的貓頭鷹猴最進步。這種推論於我們人類最合理，但事實的確是如此嗎？

如果從 4,500 萬年前的中華曙猿（猴）、現代的黑猩猩以及人類等，普通眼眶和寬眼眶的猴子兩條線索追究下去，應該有其共同祖先。反過來說我

們人類是否可以承認寬眼眶之靈，就像人類繼承普通眼眶的猴子一樣，是繼承寬眼眶的猴子來的？我們看到的現實是靈是寬眼眶的，人類是普遍眼眶的。

耳鼻喉科前輩楊喜松醫師談到寬眼眶的猴子左右鼻孔互相遠離，其兩側眼球之軸所形成的角度為 70 度，而普遍眼眶的猴子為 30 度，並且左右視野的重疊為立體視覺產生之所必需。所以從這裡推論寬眼眶靈的視覺大體是平面的，適合從空中俯瞰地平面，而人類的視覺是立體的，適合在地面搜尋物體。

視神經發自眼球的視網膜外側之神經纖維，直接進入大腦皮質視覺區而產生視覺感應，發自內側者未進入大腦皮質而是進入下面的腦幹，呈交叉進入反對側的大腦皮質視覺區，這種交叉就叫作「視神經交叉」。因為主司彩色感覺的視網膜錐狀神經細胞（cone cell）分布在視網膜上外 1/3 處的黃斑，所以黃斑內側視網膜的神經纖維比外側多，因此錐狀神經細胞內側多於外側，以至於錐狀神經細胞的纖維大多進入神經交叉，再到反對側的大腦皮質視覺區。反之主司黑白感覺的視網膜桿狀神經細胞（rod cell），則進入同側大腦皮質視覺區為主。

寬眼眶的猴子有 30% 的交叉視神經，普遍眼眶的猴子有 60% 的視神經交叉，交叉的神經與其中錐狀神經細胞愈多，立體視覺與彩色視覺愈卓越，所以立體視覺與色彩視覺而言，寬眼眶的猴子夜行性不甚發達有其道理。

進一步推論寬眼眶之靈在夜間視覺可能是灰色的，在光線照耀下不如人類看得清楚，但是在昏暗的光線下可能就沒有什麼分別，寬眼眶之靈在夜間所畫的麥田圈圖案大多對稱，但細節沒有那麼清楚。

所以可以假想普通眼眶的人類，在山陰處看到的飛碟是有色彩的，寬眼眶之靈看到的飛碟只有灰階，色彩與灰階在人類的電腦可以通用，但是在自然界這是兩件不同的事，也可說是兩者在現代人類有某些類似的定義。就寬眼眶之靈來說無關定義，祂們顯然過得很自在。

七．歷史上的寬眼眶

近年在墨西哥發現的寬眼眶的生物幼兒，不幸被發現者悶在水裡 3 天才死，事後他的家人幾經考慮終於把幼兒死體交給墨西哥大學研究，此事件透過互聯網傳播才為大眾知曉的新聞。

類似寬眼眶的傳說在中國似乎也有，據說在青康藏高原東北端的巴顏喀拉山某山洞，曾有杜利巴石碟及形狀奇怪的遺骸被人發現，而石碟及這個故事被流傳下來。人類無法知道被認為是 UFO 的殘骸是何時遺留的，但是憑留存物發現超越當時人類的文明。

5,000 年的大洪水之後，長江下游杭州地區的良渚文化以出土玉器而聞名，中國歷史的演變順序，似乎可依序分為石器、玉器、青銅器及鐵器 4 個時期，所以玉器文化早於青銅文化。1986 年考古發現浙江省餘杭市反山 12 號墓，出土的玉琮側面刻有寬眼眶的面部，照理講這件玉琮應該是良渚的祖先接觸過寬眼眶之靈，才有這樣的圖騰流傳下來。

此外，遼寧省建平縣與凌源縣的紅山文化與仰韶文化時期相當，考古學家在牛河梁出土文物發現一具寬眼眶的女神頭像，另一具獸面玉牌飾的玉器也有寬眼眶的面部，未知紅山文化這件玉器與良渚文化之間有何連結。

及至進入商朝，得自紅山文化的這種寬眼眶的圖騰，也變成青銅鼎上的饕餮面部，漸漸演變成為禮器上的饕餮紋流行到周朝為止。

三星堆文物高清面具
www.in2west.com

三星堆金面罩
tooopen.com

　　1986 年，四川西部平原上廣漢三星堆遺址，出土了寬眼眶的獸面具、寬眼眶的立人像及寬眼眶的金面人頭像，這些青銅像應該是晚於出產玉器的良渚文化，但也可能是獨立不同於中原的文化。可以想見殷商之前住在川西平原上的人類，也許因為和寬眼眶之靈有過接觸，因而留下寬眼眶的圖騰給後代，就跟馬雅民族的祖先可能跟鬣蜥之靈有過接觸，因而留下鬣蜥的神話及羽蛇神廟給後代一樣。

　　阮籍是中國三國西晉時代的人，他見證甚至於給玄學起了個頭，原來中國在那時代社會混亂，圍繞在這些君主的謀士的仕途生命起落非常大。也許阮籍早知會有不同命運的結果，身為顯貴家族的成員，他對君主保持若即若離的姿態，以避免遭到殺身之禍。

　　看看和他同時代的何晏，雖然在曹魏時代做官得意，甚至服了五石散，引領風騷，但是一旦改朝換代卻命在旦夕。注解老子《道德經》的天才青年王弼，只因為和何晏走得近，在改朝換代的第 2 年也不幸先離世了。玄學在中國傳統上不被重視，但是筆者在此想要提一提阮籍這個人。

　　阮籍可能看到過寬眼眶之靈及 UFO，因為從他寫的《大人先生傳》書名，可以猜到「大人」是古代百姓稱呼做官的人，因為做官的人經常戴一頂官帽，這種裝束就有點像良渚文化玉琮裡的寬眼眶，被老百姓稱作「大人」，「先生」是前輩的意思。

　　後世描述阮籍以嘯吟聞名，查看他的《咏懷詩十三首》裡，有第 3 首的「嘯歌傷懷」，第 4 首的「嘯歌長吟」。「嘯」字出現在《山海經・西山經二卷》「西王母其狀如人，豹尾虎齒而善嘯」。有關聲音的意境令筆者感到印象深刻的是《山海經》北山經三卷，一隻叫做精衛的烏鴉銜西山之木石投於東海的故事。在這個故事的原文「其鳴自詨」的「詨」字與「嘯」同音，這兩個字在這裡可能沒有分別，其實該書也把哺乳類的叫聲叫做「詨」。所以「嘯」在阮籍應該是類似猴子的呼叫聲，並不是後世文人對「嘯」字的解釋。寬眼眶之靈無法借助嘯聲和阮籍溝通，必須借助於知心術。

　　阮籍在《咏懷詩十三首》的第六首文詞裡，顯示出他有可能遇到 UFO 的表達字句如下：

　　「玄黃塵垢，紅紫光鮮。嗟我孔父，聖懿通玄。」

解讀

　　黃黑色的塵土上，看見一座有紅紫光鮮的飛行物。感嘆我們的孔老夫子，他講的美德能通往玄學嗎？

　　自從東漢「獨尊儒術，罷黜百家」以後，儒家思想已變成不可挑剔的主流標竿，阮籍自己估量他的玄學無法勝過儒家，所以他採取低姿態來敘述他的心聲。

　　從他的《咏懷八十二首》的第 73 首，「橫術有奇士，黃駿服其箱」的後段詩句，我們能猜到這兩句可解釋為「在那座黃色高大的物體裡，內有會變法術的奇士。」

　　由阮籍的著作，我們可以想見他發動玄學乃不得已的做法，因為他的時代人類還不能了解 UFO 的現象。到了 2011 年的今天，數碼攝影術的發明，已使得我們普遍可以瞧見 UFO 的報告影像，乃至於能理解由老子的《道德經》55 章，鬣蜥之靈以及寬眼眶之靈的溝通方式，包括今日發生於全世界的麥田圈現象，特別是英國就是很真實的例子。

八.麥田圈

　　在個人電腦還沒有出現以前，早期大型電腦欲輸入指令必須借助打卡機，採用 2 進位制碼。1974 年位於中美洲波多黎各有一座巨大的無線電發射台，重整後啟用時，向宇宙廣播了一張包括站立人的正面簡圖，以及只有編打卡碼的人才知道密碼的所謂人體、重要元素及 DNA 雙螺旋線簡圖，還有人類站立簡圖，包括兩隻腳、兩雙手、頭部與不成比例的身體，無目的地祈望宇宙裡的有智慧者能給個回音。

　　28 年後，2002 年 8 月 13 日在英國 Chilbolton 無線電發射台旁邊的麥田，忽然出現了麥田圈（crop circles），其圖樣除了模仿 1974 年波多黎各無線電發射台發射的打卡卡片外，還做了一些修正，最明顯的是站立人的圖樣改成頭大、兩隻眼睛明顯的是寬眼眶，四肢及身體所佔的比例不大，造型與近年來傳說中的外星人類似，身長約站立人的 2/3。

　　1991 年，碎形研究學者芒德布羅到英國劍橋大學講學，該大學後來以碎形（分形）為研究重點。當年 7 月 11 日當地報紙刊出有人投書質問為何沒有碎形的麥田圈出現？原來自從 1981 年起麥田圈的經常在英國出現，已引起大眾質疑其真假，如果是真的，麥田圈與所謂外星人又有什麼關係？

　　一個月後的 8 月 12 日，劍橋大學旁邊的麥田竟然出現類似芒德布羅式的碎形麥田圈，但是該麥田圈圖樣與之前相比，已經沒有毛茸茸的邊緣，而且在該圖天線上的陰影變成了一顆顆在天線頂端的圓球，各圓球相互之間的比例也與芒德布羅式不同。

芒德布羅集碎形學圖案
tieba.baidu.com

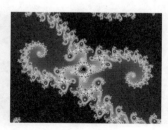

芒德布羅集
cai.tongji.edu.cn

　　由此看來寬眼眶之靈能夠藉由知心術，知道了芒德布羅在英國劍橋大學作碎形講學，而且似乎知道報刊讀者質疑碎形為何不像別的麥田圈，有意跟着相關事件在當地出現？這事件正好符合了祂們的傾向，因為祂們在適當的時候以麥田圈的圖樣展示給人類，但是可能是由於祂們是從空中看地面，不易分辨細節。

　　在南太平洋距離南美洲 3,000 公里的復活節島（Eastern Island），上有人像巨石文化，那些頭連身的石像特徵是有巨大的眼睛且眼睛朝遠方天空看，尤其在星空下攝影特別明顯，似乎是期待 UFO 在夜間出現。如果石像戴一頂帽子，在白天看來好像以帽子遮陽看天空中出現的 UFO。筆者認為此現象與南美洲秘魯的納茲卡谷地的俯瞰式圖樣，同樣是寬眼眶之靈的傑作。後者有 1,500 年的歷史，前者也有同樣長久的歷史。

Ahu-Akivi-1 復活島巨石像
www.dindon.com.tw/meworks/page1.aspx?no=4534

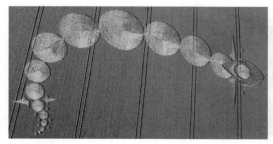

英國麥田圈
www.awaker.org

英國麥田圈
zaban.21edu8.com

CHAPTER
06

陸 /
緩衝與
漩渦

陸 / 緩衝與漩渦 _____

一 . 緩衝

《道德經》4 章：

　　道沖而用之或不盈。淵兮似萬物之宗，挫其銳，解其紛，和其光，同其塵。湛兮似或存，吾不知誰之子，象帝之先。

解讀

　　「道沖」就是「水」的緩衝，至於「道」可以是上游的洪水沖到川谷後排出到江河流向海洋，說得比較抽象一點就是「水磁」有緩衝作用。川谷的水也許不盈滿，但它的「用」可灌溉農作物。

　　「水」的緩衝可以沖蝕磨平尖銳的角落，緩解紛亂的障礙物，「水」可使得光景成為一致，不論雜物塵埃都可變成一堆，像萬物的根源一般。

　　自從我遇見「鼓風的麻袋及鼓風的竹筒」後，我就在想那裡面隱隱約約的靈究竟是誰生出來的？而我又怎麼會是人類的母親生出來的？但是祂們在人類的帝王出現以前就存在了。

　　「道沖」也就是現代的同義語—緩衝（buffer），筆者認定是 2,500 年前作為東周官員掌管星象曆法的老子，在西元前 532 年看到 M57 超新星，應是在夜空中發現突然發亮才紀錄在這一章。筆者是根據 28 章的一句話：「知其雄，守其雌，為天下谿。」

　　M57 超新星位於 Lyra 星座 α 與 β 之間，是位於中國傳統稱為織女星之南，其沿線下來是今天屬於虛、危星宿的比較暗的地帶。由明亮的織女星畫一條線，連接虛、危星宿，形成一支有暗色的柺杖頭，和明亮的柺杖尾的黑色柺杖，在中國古代的星象書稱為「玄柺」，玄是黑色的意思。

　　西周自從北方異族入侵，被迫將首都東遷至洛陽後進入春秋戰國時代，東周的京畿面積方圓不足百公里。名義上號令天下，但是實權落到各諸侯手裡，而且王室沒落到互相內訌的地步，老子就是在這時候任東周王室的柱下史。

超新星因核聚變產生能量，外形結構隨過程不斷地改變，以肉眼觀察發亮時間約 2~3 年，天文界觀察超新星的演變情形列舉如表 6-1-1：

表 6-1-1

名稱	曾經發亮時間	目前觀察演變情形	星齡
1987a 超新星	1987 年發亮	7 年後變成像紅色草莓蛋糕，中央的地方是一團紅色，外圍的開始有燭光出現。隔空的更外圍也有一圈紅，其上有一燭光芒。	
超新星 SN1604	400 年前曾經發亮	已變成混沌一團	
M1 天關客星	1054 年曾經發亮	顯示極度膨脹的卵圓形球，清一色的基質上貫穿白色泡沫狀物質。	約 1,000 年
M27 超新星	238 年曾經發亮	卵圓形的超新星，表面兩側橫跨白色泡沫狀物質，呈現啞鈴形狀，正向腰腹部集中，已在膨脹的末期。	1,770 年
M76 超新星	238 年曾經發亮	卵圓形的超新星，橫跨兩側的白色泡沫狀物質，呈現緊縮在一起的腹腰帶狀態，由膨脹轉入收縮。	約 2,060 年
M57 超新星	西元前 532 年曾經發亮（曾被老子看到）	卵圓形的超新星，橫跨兩側的白色腹腰帶雖然仍呈環狀圍繞，但是已有破裂。	約 2,540 年
NGC7293 超新星	比 M57 早 1、2 百年發亮	白色腹腰帶比 M57 模糊，呈撕裂呈鬆懈狀態，只剩下破裂的周圍，朝向乾涸變形趨進。在摩羯座附近。	
闕伯 或 周伯商星	西元前 1,300 年至西元前 1,046 年之間	目前只剩一堆乾枯的星星殘骸，如果年代更久，則演變成無形，終至於擴散開來。	3,000 年以上的年代發亮

　　如今由超新星的演變史，使我們知道老子用肉眼觀察 M57 超新星，至多不過三年。在這三年內他所看到的是和緩的變化。中國後世史書記載發亮的超新星有如下的形容：

　　西元前 69 年——芒炎，其色白。

　　西元前 48 年——大如瓜，色青白。

　　西元 101 年——色青黃。

　　西元 109 年——蒼白，大如李，芒氣長二尺。

　　西元 131 年——芒氣長二尺餘，色蒼白。

　　西元 182 年——大如米，五色。

　　西元 437 年——色黃赤，大如橘。

　　西元 900 年——大如桃，光炎。

　　西元 1021 年——大如桃。

　　西元 1203 年——色青白，大如填（星）。

　　西元 1404 年——如盞（燈），黃色光潤。

　　西元 1430 年——如彈九大，色青黑。

　　西元 1604 年——如彈九，色青黃。

　　西元 1609 年——芒刺四射。

　　西元 1690 年——色黃。

　　參酌 1987a 超新星的變化，我們有理由相信「道沖」是老子觀察到的超新星的變化。雖然超新星緩衝後 400 年變成混沌的狀態，但是約 1,000 年超新星又回到湊理清楚的狀態，一直到 3,000 年後變成眾多星星堆積為止。

　　M57 超新星在中國最早被東漢的張衡（78~139 年）稱做「老子星」，之後官方文書紀錄提到老子星，是在西晉、南北朝。到了西元 1,006 年，北

宋的僧人文瑩在《玉壺清話》提到老子星是「光芒如金圓，無有識者。」當年距今約 1,000 年，所以文瑩所看到的老子星，相當於今天看到的 M1 超新星。老子星在北宋末年還被提到。

　　緩衝就是《道德經》或《大一生水》裡「水」字的性質，改成現代的用語就叫做「水磁」。筆者認為老子這兩篇著作，主要是傳達緩衝的存在與現象。UFO 與我們人類之所以能在宇宙間能共存，是因為彼此之間有緩衝，這是筆者研讀《老子》的理解與領悟。

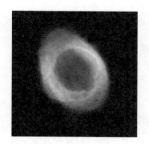

哈伯望遠鏡拍攝 -M57
jones200347.pixnet.net

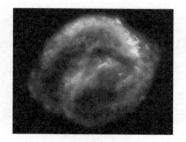

克卜勒 SN 1604 超新星爆炸殘骸
freespirituallife.blogspot.com

超新星 1987A
scitech.people.com.cn

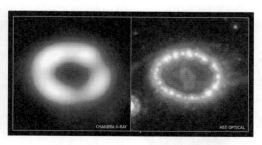

SN 1987 超新星爆炸殘骸 x-射線 和光學照片
zh.wikipedia.org/zh-tw/SN_1987A

二 . 莊子講的緩衝

　　西元前 300 年代莊子可能不像老子遇見過 UFO，但是根據他寫的《莊子內篇》全文察看，雖然沒有「道沖」或緩衝的字眼。然而在《莊子內篇 · 大宗師》他有解釋老子的「道」如下：

　　「夫道，有情有信，无為无形。可傳而不可受，可得而不可見。自本自根，未有天地，自古以固存。神鬼神帝，生天生地。在太極之先而不為高，在六極之下而不為深，先天地生而不為久，長於上古而不為老。」

解讀

　　「道」本身是有情有信，行「不言之教」。可以傳下去但沒辦法接收過來，可以得到它但是看不到它。自個兒就是根本，沒有天地（地球的）以前，自古以來就存在了。如果有神鬼神帝的話，就會生下我們的天地。在太極的高度（北極星方向）也不算高，在上下前後左右的方向也不算深，比我們的天地更早生也不算久，成長於上古時代也不算老。」

　　中國的太極圖畫的是兩隻互相洄漩的陰陽魚，可能是古人觀察天文宇宙現象，在 1988 年 8 月 25 日中國黑龍江省黑河市氣象人員拍攝到的漩渦形光

太極陰陽圖
zh.wikipedia.org/zh-tw/

圈，或者 2010 年 12 月 9 日凌晨在挪威，拍到長 12 分鐘關於漩渦形光圈的連續影像，以及從光圈投射到地球方向的「青藍光華」。

　　莊子在《莊子內篇·齊物論》講南郭子綦這個人凝神坐在矮桌旁遐想仰天長嘆。他的弟子游說：

　　「地籟則眾竅是已，人籟則比竹是已。敢問天籟。」

解讀

　　地籟就是百圍之竅穴，例如山林的風齊奏，人籟就是竹笛管簫吹奏，這些我都已經知道。請問天籟是什麼？

　　他的老師莊子舉了兩個故事來說明叫做天籟的「道沖」，或者是緩衝是什麼？

　　第 1 個故事：「狙公賦茅，曰：『朝三暮四，』眾狙皆怒。曰：『然則朝四暮三，』眾狙皆悅」。

解讀

　　拿茅草養猴子的人對眾猴說「今天起每天早上餵 3 次，下午餵 4 次，」眾猴都發怒了。養猴人改說：「那麼早上餵 4 次，下午餵 3 次，」眾猴都歡喜。

　　養猴的人對猴子的不滿就這樣子緩衝一下，大家都滿意了。莊子講這個故事並沒有欺侮猴子的智慧不如人類，而是比喻人類比起 UFO 裡的靈，哪個智慧高？

第 2 個故事：「天下莫大於秋豪之末，而大山為小。莫壽於殤子，而彭祖為夭。天地與我並生，而萬物與我為一。」

解讀

假使說天下不比秋天野獸生的毫毛更大，大山比小石子更小。而且說兒子死了是這個人的壽，年長 800 歲的彭祖壽命不如早死的人，這些話講的是些什麼道理呢？只因為天地的緩衝與我一起生長，緩衝使得萬物與我在同一條路線上並存。

這個故事是說明緩衝沒有大小先後之分，緩衝與宇宙、天地及萬物合而唯一。古埃及法老以心及舌發布命令成唯一，則缺少了緩衝。

莊子可能認同老子在《道德經》常常提到的「水」，與 4 章的「道沖」是「水磁」與緩衝，也就是緩衝是水磁的性質，所以講出天籟的這兩個故事。

老子《道德經》4 章所說的「道沖」就是緩衝。緩衝是什麼呢？下篇將談到的人體肌蛋白質與血紅素之間有緩衝外，宇宙之間還有各種緩衝存在。

三. 緩衝如何描述

　　人類身體的肌蛋白每 4 個分子含有 1 個血紅素，每 1 個血紅素含有 4 個鐵原子，等於每 1 個肌蛋白含有 1 個鐵原子。肌蛋白位於肌肉細胞內，是人體組織液輸送氧氣進入肌肉細胞時所需要的緩衝分子。真正具有緩衝作用的是血紅素中單獨的鐵原子，所以鐵原子應該是具有「磁化」的單位。「磁化」就是水的性質化，也就是「水磁」化、緩衝化，進一步引申就是老子的無為─行「不言之教」，或莊子的寓言。

　　具有 1「磁化」單位的肌蛋白，在液體中當氧氣分壓是 5~10 托（torrs）時，氧氣分壓呈拋物線上升，且這段分壓變化最大。

　　人體的組織液是先從心肺循環的血管裡的血液過濾出來的，而肺臟吸入的氧氣是經由血紅蛋白的傳遞到體液的，再傳遞到肌肉細胞。每 1 個分子的血紅蛋白含有 4 個血紅素，而每 1 個血紅素含有 1 個鐵原子，所以每 1 個血紅蛋白含有 4 個鐵原子，那麼每 1 個分子的血紅蛋白鐵的「磁化」單位是 4。

　　每 1 個分子的血紅蛋白的 4「磁化」單位跟「磁化」單位 =1 的每個肌蛋白緩衝有什麼不同？具 4「磁化」單位的血紅蛋白在血液中當氧氣分壓是 10~50 托時，氧氣分壓呈拋物線上升，且這段分壓幾乎成直線上升。血紅蛋白這樣的緩衝結果，能使血液在微血管氧氣分壓變成 20 托以上時，血紅蛋白釋放氧氣入體液。

　　血紅蛋白經過上述的循環，得以完成氧氣在人體的輸送，我們也能經由 1「磁化」單位的肌蛋白及 4「磁化」單位的血紅蛋白，比較它們緩衝能力之不同。

　　科學是從西方數學發展出來的，而後者是從幾何學的畢氏定理衍生出來。古希臘的畢達哥拉斯追隨泰勒斯（Thales of Melitus, 西元前 624~546）到古埃及移居工作，也許畢氏是從鋪神廟裡地磚的經驗和偉大的金字塔，證實金字塔陰影中直角三角形兩邊面積之和，等於其斜邊的面積，後來被稱為「畢氏定理」，是為西方平面數學的濫觴。

　　但是中國自古以來就在「天、人、地」的架構下，發展出一套立體的象
數觀念，逐漸演變成太極、陰陽、四象、八卦、六十四卦等，邵雍稱之為「加
一倍法」的演算。

　　所以從科學得知的「磁化」單位不止限於平面應用，還可以用在立體方
面的緩衝衡量。至於衡量的方法不再是平面計算而是象數演繹。例如血紅素
含 4 個鐵原子的「磁化」單位與水往上流的「磁化」單位有什麼差別？

沈括在《夢溪筆談・卷七・象數一》：

　　「世之談數者，蓋得其粗迹。然數有甚微者，非特曆所能知，況此但跡
而已。」

解讀

　　世上談「數」的人，只能粗略的談，但「數」對於天文來講是微不足道的，
天文的象數是無窮盡的，不知道曆法的人，是不能領會的，何況我只是懂一
點而已。

先天八卦圖伏羲八卦
www.ijfate.com

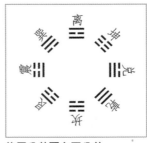

後天八卦圖文王八卦
www.ijfate.com

沈括 北宋 | 夢溪筆談
catalog.digitalarchives.tw

由沈括對象數的講解，我們的緩衝問題可以改為如下：

例如紀錄為「血紅素，4Fe，緩衝」與「水往上流，隕 Fe，緩衝」的緩衝有什麼分別？嘉明湖的「嘉明湖，隕石，緩衝」又是什麼？

以數碼相機在月球上拍攝宇航員在月球表面漫步，不論是宇航員及隨身裝置，或者裝置的無生命的連接設備，所傳回地球的影像全都有藍色圍繞，對比灰色的月土及黑色的宇宙背景。人類看得到的藍色名之為「青藍光華」。這種「青藍光華」是太陽照射時產生的，日落之後若以同樣方法在同樣地點拍攝的話應該看不到，這是由於夜間標的物接受的能量不夠，所以顯不出「青藍光華」。但是這種「青藍光華」不因為人類看不到就不存在，因為在地球上人工的雷達波，也可在數碼相機上顯出「青藍光華」。「青藍光華」是天然存在的，不因為人類的眼睛看得見與否，就能否定它的存在。至於看不看得見，決定於陽光當時是否照射得到。

既然「青藍光華」不論可見與不可見皆存在，而人類定義的「心」是屬於「性」為不可見者，定義的「物」屬於「質」為可見者，所以不妨把「青藍光華」視為「磁」。「磁」就是「性」與「質」，而且是「心物合一」的，也就是具有「水磁」緩衝的性質，類似西方的乙太（ether）。但是西方自從發展科學後已不重視乙太，ether 甚至是麻醉藥乙醚的另一個名稱。

愛因斯坦（Albert Einstein, 1879~1955）相對論著名的公式 $E=MC^2$，其中 C 是光速。但是我們知道人類能否看見「青藍光華」取決於當時有無陽光，筆者認為還有討論的空間。

四. 主機板的緩衝

　　根據筆者的經驗，指南針是被巨大磁石上的天然磁鐵影響轉向，對於人類使用的金屬零件，例如電腦等事務機具，則影響不了指南針的旋轉。如果把一台不穩定的零件組成的桌上型電腦插上電源開機，條件適當時則作業系統會運作。設計者編寫軟體時設法避開所有可能的干擾，唯一的目的是讓資訊顯示在顯示器上，且只在符合設計者目的的前提下才順利開機，不符合目的的一律擋掉。假使在這台電腦開機後，附近另置一台是能讓主機板轉動的裝置但去除顯示器，這時以手控制這第二主機板上的 CMOS 跳針，在電源的 ON/OFF 兩種選擇，則可觀察到第二主機板開動後，可能被第一台電腦的整個連線系統中的任何可影響開機的動作，影響其 ON/OFF 的動作。

　　上述的第一台電腦的整個連線系統和開機後的第二主機板放在一起，理應有人類不可見的「青藍光華」圍繞（因為這時室內無陽光）。所以不論第一台電腦插入電源的動作，或移去軟碟片的動作，雖然沒有接觸到會導電的金屬，仍然影響第二主機板的 ON/OFF，第二主機板顯然對第一台電腦有緩衝作用。之所以有緩衝作用，是因為開機程式的設計者在編程式時竭力避免被干擾，而這時有動作干擾，所幸同時有第二主機板造成的緩衝，才能有上述的現象。

　　在這種情況下，第二主機板的緩衝紀錄為「主機板，北極星方向，緩衝」。

　　又假設今有第三方面能影響第一台電腦的開機功能，則應該在太空或地球上能實際影響的「青藍光華」。如果有這種非常現象，就不再是人類的干擾了。

五. 從實例看緩衝與爆發

　　由此看來緩衝不但發生在 UFO 與老子之間，也有老子要從事的「不言之教」－「無為」，而且發生在宇宙與地球上的考古物質。緩衝只是自然現象，對人類來講緩衝也有不利於人類的情形，但那只是人類自己必須面對天然災害的問題而已。例如颱風的紅外線衛星雲圖顯示出環形緩衝旋轉形象，而這個空間是這個颱風所在的位置。

　　2011 年 3 月 11 日日本東北發生 9 級的大地震，震央位於仙台市以東的太平洋海域約 130 公里處，為 24.4 公里深的極淺地震，隨即引發多次大海嘯，巨浪深入內陸，侵襲多處縣市村里造成傷亡慘重。

　　日本九州南方鹿兒島縣的櫻島時有火山噴發現象，在這次 311 日本東北大地震的前些日子，櫻島火山又爆發，由於東北的大地震引起人類媒體特別加以注意，由此我們從影像記錄觀察到飛碟的靈，對大地震帶來的緩衝現象－海嘯，與櫻島火山的爆炸（explosion）現象同樣注意，但是祂們似乎更密切注意櫻島火山，當日午後櫻島出現了許多飛碟密集在山陰觀察。

　　察看定置於櫻島的數碼攝影裝置所拍攝得的影片，3 月 1 日起除了 1 日及 6 日因下雨無法觀察之外，每天下午 13 時到 18 時之間可看到 UFO，特別是 15:00 到 17:00 之間，都可看到成群的 UFO 以一定的路線群體式地在空中慢慢移動。然而在 3 月 12 日東北大地震及海嘯次日，同一時間卻只見到少數飛碟，其餘的無行蹤，這些都是從日本國土交通省九州地方整備局大隅河川國道事務所向外公布的資料。

　　以下為 3 月 11 日發生於日本東北大地震及海嘯當天下午，櫻島山陰的飛碟行蹤紀錄資料，筆者依影像記錄整理與推論：

1. 　3 月 11 日下午 13:53，櫻島風沙雖然很大，火山也沒有猛烈爆發，開始有飛碟飛到山陰的平地，成行排列朝火山口方向慢慢前進逐漸升高。39 分鐘後有一艘白色飛碟從天空降到櫻島的火山口。隨着從地面上升到火山口的眾多飛碟，先後見到 2 艘自右邊天空下降到山

陰，可能是一艘飛碟放出的「青藍光華」，顯示其內有白色飛碟。等到下降到山陰時，外圍不明的「青藍光華」變成深藍色，另一「青藍光華」隨後下降至消失於鏡頭外。

2. 最初飛碟加入觀察火山口的方式，是一開始是先一如人類的戰士要攻入陣地般緩緩前進一樣，祂們並不直接飛到火山口，好像擔心這時候火山會突然爆發似的。

3. 在山陰的遠景鏡頭有圓形的「青藍光華」以及橢圓形的白色飛碟，「青藍光華」在比較陰暗的深處，一旦天空陽光開朗，「青藍光華」就消失變成白色飛碟，可能從「青藍光華」變成白色的飛碟是準備起飛中。白色飛碟是位於山陰的較外側，而「青藍光華」是位於較內側。可能飛碟的能量準備有兩個階段，其一是維持固定點的能量，以人類觀察到的飛碟現象來推測，祂不像人類的飛行器需要外加的能量來滯空，UFO 有自有能量在空中飛行或停留；其二是快速飛行的能量，這種能量的準備可能是已存在飛碟裡，似乎不完全是從太陽能來的。

4. 在山陰的近景鏡頭左下角，出現了橢圓形白色飛碟的半邊近影，飛碟周圍的顏色，遠端是橙紅色近中心的是青藍色，隔了不久飛碟的影子全變成橙紅色以至於消失於鏡頭外。可能的解釋是這艘飛碟從山陰開始曝露於陽光下，而處於陽光充能的狀態，橙色的部分是將要完成充能，青藍的部分是剛從陰暗處出來，白色的部分似乎有陽光充能。

5. 山陰的遠景與近景同時出現一圓形白色飛碟。自火山口下降至山陰時仍呈白色，表示仍接受日照；但是進入山陰以後白色飛碟四周似乎有圍繞或隱或現的「青藍光華」光環。

6. 到了 17:13 山陽的光線被山頭擋住，山陰的光線變成一團漆黑，一如人類的眼睛被強光照射後，進入山洞一片漆黑一樣，這些飛碟變得看不見。等到山陰有了微弱的光線還是看不到飛碟，倒反而是這

時相機玻璃的反射剛好顯示出鏡頭的骯髒斑點。除了飛碟移動外，以上這些變化因為是在鏡面裡，使得人類不會感到唐突，除非觀看這個鏡像很久了。

7. 這些飛碟在山谷裡作慢速飛行而不發生碰撞，於人類飛行器而言幾乎不可思議。但是人類在高速飛行的機艙裡能自在地行走這一事實，是否能比擬上述的眾多的飛碟在山谷裡？如果能比擬的話，那麼重力加速度、大氣壓力、流體力學乃至於這架飛機使用爆發產生推進力，人類一切的聰明才智豈不是顯得微不足道？

8. 飛碟充什麼能？顯然是充「磁化」的能。這裡「磁化」的能是什麼？當然是即時的太陽能以外，還有其他能的來源。但是靠「爆發」如原子能太危險，祂們可能不會採用，所以緩衝可能是飛碟獲取能源的方法。

9. 從數碼攝影來看飛碟，太陽直接照射時飛碟是白色的，夜間在櫻島飛碟也是白色的。但是白天飛碟如果在陰影下則呈黑色。所以飛碟的顏色和直接太陽照射無關，而和雲層的遮擋有關。

10. 3 月 12 日櫻島山陰僅少數飛碟出現，而隔些日子飛碟又照樣回來，似乎是巡行的現象，可證明數碼攝影所拍到的確實是飛碟。前一天的同一時段有許多艘飛碟聚集的火山口，僅看見一「青藍光華」在火山口，同時在山陰的鏡頭，另有 2 艘「青藍光華」自天空降到火山口附近山坡。稍早時除了山谷低空有少許飛碟出現外，還可看到天上雲層中有一物體尾部翹起，可能是直昇機。

11. 3 月 13 日下午櫻島山陰僅看見少數飛碟，但是 21:10 從火山爆發的白煙中疑有一白色飛碟幾成垂直飛出，從前述的 4 組以外的攝影機攝影，能看到飛碟飛出時並未成拋物線，而是不太穩定的飛行路線。筆者認為這是一艘白色飛碟，在白煙上升之後隨之衝出空中。一般人看到這畫面可能會認為這是火山爆發的噴出物，但我們還可以看出

白色飛碟飛行時像慧星有尾巴。由此可知道飛碟的靈觀察爆炸現象，也許有措手不及迅速飛離的時候，也無法知道那艘飛碟如何處理突然變位的問題。

12. 3 月 14 日，原飛碟出現時段不見任何飛碟。

13. 3 月 15 日，飛碟在原時段照樣出現，但是 3 月 11 日及以前從天而降的「青藍光華」，自 3 月 13 日起已不見蹤影。

14. 3 月 16 日，整個山谷風砂很大，但是對飛碟似乎沒受影響照常出現。

15. 3 月 17 日、18 日，飛碟照常出現，但是看不見從天而降的「青藍光華」。

16. 3 月 19 日在原本出現的時段 15:08 僅看見在山谷低地 2 艘飛碟、火山口 1 艘飛碟，15:19 同時消失。

　　筆者自互聯網查看 2011 年 3 月 30 日櫻島大山同一時段的影像紀錄情況，不料誤鍵入 2010 年 3 月 30 日的影像紀錄，竟然發現到平常只看到遠方天空有時有飛碟出現於黑神橋上空畫面，於 15:42 突然看到有大型呈五角形，有時透明的青藍色飛碟，出現在山陰高處忽明忽滅。16:15，有成排圓形白色飛碟朝母碟前進，而且與其他畫面的飛碟同步消失。16:10，陽光照耀，天空中似乎也有一艘母碟跟隨。17:18，黑神橋遠方天空有一大型圓形白色飛碟慢慢離去，而且同一畫面有數艘白色小飛碟在天空中跟隨，並不隨其他畫面在山陰的飛碟同時消失。由以上現象推論，這一大型圓形白色飛碟應該是 90 分鐘，亦即 15:42 在山陰處出現的五角形青藍色母碟。

　　由此觀之，飛碟像是光，忽明忽滅，隨時變形，以至於不易追蹤哪艘飛碟的移動。飛碟在山陰時看得清楚，有時看不見是因為光線陰暗，所以會同時看不見，但是在天空則可能沒有這個現象。而且同一時刻山陰飛碟的消失，並不和天空中的飛碟同步消失。

　　人類的桿狀神經細胞為錐狀神經細胞的 18 倍，前者主司明暗後者主司色

彩，可能寬眼猴的錐狀神經細胞不發達而桿狀神經細胞發達。既然寬眼猴立體視覺不發達而且黑白視覺發達，那麼人類對山陰處視覺較靈敏，就寬眼猴而言，人類的視覺不必分辨飛碟的變化，也有可能欺瞞自己而以為有變化，所以人類思考寬眼猴的立場，就必須以寬眼猴的立場來思考，不能以人類的立場來思考。

假使飛碟在天空中光線明亮就沒有什麼分別了，不知讀者以為然否？

火山爆發不同於海嘯，前者產生爆炸毀滅附近所有的物質，後者產生緩衝改變地貌，同時有漩渦。對同樣是靈的人類與祂們，對後者可以想辦法應對，對前者這種天然災害可就沒有什麼辦法了，既然兩者同時發生，即使是人類，如果有能力的話也想了解個究竟，何況是 UFO 的靈正在「夷」這個現象，想找出日本東北的地震海嘯和櫻島火山之間有什麼關係？這種地球上的天然災害現象，想來也可供 UFO 裡的靈在別的星球運行時作參考。

UFO 可高速飛行，想像我們搭飛機旅行所看到的山河盡在眼底，我們人類了解的 UFO 大多在空中活動，那麼裡頭的靈所看到的海洋地貌，就像人造衛星所攝得的影像，說來可能萬不及其一。UFO 的靈祂們關心兩地的緩衝與火山爆發的情形，就如同我們人類在地球上居住，會關心鄰家失火情形是一樣。

由上述對於櫻島火山的飛碟的觀察，可得到一個結論，飛碟因為是在天空中飛行，對生活在地面的人類是陌生的現象。萊特兄弟第一次試飛才滿百年，數碼相機的普及也不過 10 年，人類在這種有限的知覺能力之下，對於飛碟的存在認識不足，只能當作自然現象看待。例如前述的飛碟群聚山陰，一般人只能當作攝影時光線的幻影。又如火山噴出白煙時衝出的白色飛碟，一般人看到這畫面，通常就憑直覺認為是火山的噴出物，但是筆者因為這艘飛碟被噴出後，不成直線飛行，雖然有尾巴，似可斷定是飛碟。

六 . 從大爆炸說起

　　二次世界大戰後，核子知科技識的開放，加莫夫（George Gamow, 1904~1968） 提 出 了 大 霹 靂 的 説 法。 接 著 阿 爾 佛（Ralph Alpher, 1921~2007）和賀爾曼（Robert Herman, 1914~1997）預言宇宙必定殘留有一種背景輻射。1978年，威爾遜（Robert Wilson, 1936）與彭齊亞斯（Arno Penzias, 1933）發現宇宙背景有幅射（CMB）的存在，使得天文學家對大霹靂感到興趣，因為宇宙背景幅射只能解釋來自大霹靂，而無法以星球距離縮小來解釋。1981 年日本東京大學佐藤勝彥（Katsuhiko Sato, 1945）及美國的谷史（Alan Guth, 1947）發表「暴脹宇宙論」提出宇宙膨脹模型和加速器，已可應用到大霹靂與宇宙膨脹模型的解釋實驗，説明「暴脹宇宙論」這種情況，這才使科學家對宇宙膨脹的現象有了共識。

　　連 UFO 都表現出對火山爆發及大地震海嘯，所引起的地球局部緩衝感到興趣，那麼二次大戰後興起的宇宙大爆炸説（The Bing Bang）又如何呢？日本東北福島核能電廠的放射性元素外洩，是複合性災害的爆發而不是緩衝，人類一旦由中子啟發核分裂的連鎖反應，只會繼續連鎖反應下去。連經常爆發的火山還有熄火的時候，而這種核能連鎖反應只能一直繼續，在人類的世世代代時間內不能停止。從 UFO 於日本東北大地震時至櫻島的火山口觀察，當日只從低地上緩緩前進不採取急速升高，東北海嘯發生後第三天才有 UFO 直接飛到火山口。由此可見得遠地發生地震後火山口的爆發情形，連 UFO 都謹慎先從低地觀察。但是一旦有了海嘯的緩衝後，UFO 就直接飛到火山口探測，似乎説明了在這種情形下緩衝得以壓制爆發。

　　果真如此，那麼地球上核能電廠的放射性元素外洩，這種連續的爆發有以什麼對策緩衝壓制，人類是否應及早因應，以免束手無策呢？

七．漩渦

《道德經》10 章

載營魄抱一，能無離乎。專氣致柔，能嬰兒乎。滌除元覽，能無疵乎。愛民治國，能無知乎。天門開闔，能無雌乎。明白四達，能無為乎。生之畜之；生而不有。為而不恃，長而不宰，是謂元德。

解讀

望著天上「大一」方向的漩渦能不分離散開嗎？我的想法能像嬰兒一樣的柔和嗎？我滌除心中的雜念回到我的百姓那裡還能夠沒有瑕疵嗎？愛民治國能使人民做到「莫知」的境界嗎？天上的漩渦開闔還能不像女性的生殖器嗎？假使我四通八達明白一切，難道也能對人民行「不言之教」嗎？如同一出生的嬰兒就要撫養；生下來也不據為己有；作了事也要像沒做什麼事一樣，成長了也不主宰一切，就像「水磁」有緩衝一樣，這就可以叫做元德。

宇宙間並非只有西方科學家講的大爆炸一種能量，否則何以有日、月、星、辰以及眼前的地球？其實還有其他能達到各種能量的緩衝力量。

因為人類是在天地之間生存，隨時受到自然力量的左右，所以老子所説的緩衝概念如同長江上中游的洪水沖到下游的洞庭湖，造成湖水的漩渦一樣。緩衝力量是無形的，但是所產生的漩渦時卻看得到。

漩渦就如同現代的洗衣機，在離心脱水時有一個排水孔把離心之後的水分往下方排出，就這樣可使洗過的衣物排出水分。但是進行漩渦功能之後，排水方向不一定是向下，也可以朝上。

1988 年，中國氣象人員曾於夜間對天上出現的漩渦形進行攝影，當時的攝影機還未發展到數碼攝影，使用的是傳統的底片，雖然是彩色片的，但看不到「青藍光華」從漩渦中心直指地球方向。2009 年 12 月 9 日北歐的挪威凌晨黑暗的天空突然出現漩渦景象，當漩渦開始形成時其中心就像陰陽魚，由此可見中國古人畫太極圖是有根據的，因為中國古人看過夜裡出現在天上

的漩渦。目前數碼攝影已經相當普及，能看到從漩渦中心射出一柱「青藍光華」直指地球方向，前後歷時約數分鐘，老子可能因此了解到天上的漩渦。

中國的太極圖畫的是兩隻互相洄漩的陰陽魚在一圓圈內，推測是看到夜空中這種漩渦的現象。

「一」就是「大一」，「大一」指的是朝北極星方向旋轉的無形漩渦，今天我們可從天文望遠鏡看到許多漩渦。是否老子自從遇見 UFO 後，回到人類社會所發生的想法，接下來連結他在《大一生水》所構想的萬物之母，包含萬物有靈經過鬼神超越到「德」的門檻，再以陰陽、四時、濕躁、寒熱而到達人的方位。如果鬼神不能超越「德」的門檻而迷失自己，就會走入歧途變成「餘食贅行」－吃得太多腫脹不良於行，或者「盜夸」－盜匪的強橫，那就偏離「一」、也就是「大一」的漩渦了。

2011 年 3 月 11 日日本東北的大地震及隨之而來的大海嘯一發生，不久海嘯就衝到陸地上低窪地區，然後海水倒退流回近海，這樣的海嘯呈波狀數度來襲。同時透過空中攝影發生海嘯地方的外海，發現形成數個直徑達數百公尺的多重漩渦，船隻在漩渦中趨向中心動彈不得，並有許多小漩渦在岸邊形成，持續數小時。

現代的紅外線衛星雲圖，可顯示出颱風氣象雲團的漩渦，臺灣東海岸臺東都蘭地方的「水往上流」也有漣漪，從中國的古天文知識得知宇宙以北極星方向為中軸旋轉，近代西方的非主流科學也以漩渦（vortex）描述神祕地點，包括小白球往上滾的現象。所有這些表示自有人類以來迄今，早已知道漩渦是天地及宇宙間變幻的表徵。老子以「水」來表示「水磁」是因為水能產生漩渦，只不過他沒講漩渦的高低。

從肌蛋白到血紅素；從老子的「不言之教」－「無為」到莊子的「太沖」；從澄江淺海化石群到大海嘯所形成的大漩渦，以及颱風的紅外線衛星雲圖；從宇宙的漩渦射向地球方向的「青藍光華」到宇宙的旋轉。這些現象足以說明緩衝是什麼？其實人類善用爆炸學說而忽略緩衝觀點，單單由 2,000 多年

前老子講的「無為」和莊子沒法説出口的「水磁」的「物化」，亦即緩衝是水磁化的性質，後來少見於官方紀錄，就足以解釋何以人類對緩衝這麼陌生了。

2011/3/11 日本東北大地震海嘯 外海旋渦
http://blog.livedoor.jp/bureauqu/archives/cat_1002...

2011/3/11 日本東北大地震海嘯
http://midorinonet.com/blog/morimorigenki/archives...

2011/3/11 日本東北大地震海嘯
http://realtime.wsj.com/
japan/2011/12/27/%E8%AA%AD...

八.莊子講的漩渦

西元前 300 年，莊子可能不像老子遇見過 UFO，但是從據說是他寫的《莊子內篇》全文察看，雖然沒有「道沖」或緩衝的字眼。然而在《莊子內篇·大宗師》他有解釋老子的「道」如下：

《莊子內篇·大宗師》
夫道，有情有信，无為无形。可傳而不可受，可得而不可見。自本自根，未有天地，自古以固存。神鬼神帝，生天生地。在太極之先而不為高，在六極之下而不為深，先天地生而不為久，長於上古而不為老。

解讀
「道」本身是有情有信，行「不言之教」。可以傳下去但沒辦法接收過來，可以得到它但是看不到它。自個兒就是根本，沒有天地（地球）以前，自古以來就存在了。如果有神鬼神帝的話，就會生下我們的天地。在太極的高度（北極星方向）也不算高，在上下前後左右的方向也不算深，比我們的天地更早生也不算久，成長於上古時代也不算老。」

《莊子內篇·應帝王》
列子入，以告壺子。壺子曰：「吾鄉示之以太沖莫勝。是殆見吾衡氣機也。鯢桓之審為淵，止水之審為淵，流水之審為淵。淵有九名，此處三焉。嘗又與來。」

解讀
列子聽信一位巫師的話，常回來質疑壺子說他的話跟壺子講的不一樣。壺子說：『這位老鄉告訴你你犯了「大一」的「沖」，得不到好處，那是他怕見到我能衡量老天的氣機所致。老天的氣機就是；大魚盤漩的地方就是淵；靜止的水也可成淵；流動的水也可成淵。淵有九種不同，我只不過舉三種而

已。你還得來一次，我才能告訴你。』

　　「大一」的「沖」就是老子的「道沖」，莊子要反駁有位巫師說列子犯「沖」的方法，就是告訴列子太極圖的漩渦，也就是第一種「鯢桓之審為淵」。這可能是因為莊子認為漩渦本身就是人類的「沖」，若以漩渦來抵「沖」，比不是以漩渦破解犯「沖」來得好。在民間犯沖的觀念上，則一向以為緩衝對人類有益，所以不能犯沖。但緩衝也有對人類有害的時候，天然災害如日本東北的海嘯就是一例，但那不應該叫「道沖」或「沖」，而應該連同「道沖」或「沖」統稱為緩衝。那位巫師說的犯沖不是緩衝，意思跟緩衝相反。

《莊子內篇・齊物論》：

　　「……謂之道樞。樞始得其環中，以應无窮。是亦一无窮，非亦一无窮也。故曰莫若以明。以指喻指之非指，不若以非指喻指之非指也；以馬喻馬之非馬，不若以非馬喻馬之非馬也。天地一指也，萬物一馬也。」

解讀

　　做「道」的樞紐。樞紐是在圓形的環的中央，用以作無窮的應變。不論是或非都可以作無窮的應變。所以說沒有比這更能讓人明白的。以手指來形容手指不是手指，不如不是以手指來形容手指不是手指。以籌碼來形容籌碼不是籌碼，不如不是以籌碼來形容籌碼不是籌碼。因為就天地來說只像一隻手指，就萬物來說只像一個籌碼。

　　莊子認為「道」的樞紐是在漩渦的中央。他用負面說法來說明負面的事，因為比起爆炸來「沖」就是負面的事。「沖」是連續的事，爆炸是一時的事。莊子最後說天地或萬物都是「一」。

　　《莊子內篇·德充符》仲尼曰：「人莫鑑於流水而鑑於止水，唯止能止眾止。」

解讀

　　孔子說：「人不以流水作鏡子，而以停止的水作鏡子」。唯有水停止了才不會有「逝者如斯矣！不舍晝夜」的情形發生，如此才能使能停止的停止，大家也就停止了。

　　古代是以磨光的銅鏡來照容貌。《論語·子罕》說：「子在川上曰逝者如斯夫不舍晝夜。」這是說孔子看到河水湍流不息，就感嘆地說：「河水這樣像日月不停地流逝！」莊子拿孔子的話作文章，諷刺孔子不懂老子的「水」是漩渦的意思。他說孔子以靜止的水為鏡，假使水流停了，一切就得停止，好像地球的旋轉也得停止才是。

九. 修柏格的 IMPLOSION

修柏格（Viktor Schauberger, 1885~1958）是奧地利人，世代住在奧地利山區，沒有受過學校教育。身為伐木工人，有一次以螺旋形水流的力量設計出運送木材的方法，大獲成功，名揚歐洲。

在《Living Water》一書修柏格的兒子 Walter Schauberger 提到，有一年早春的月光夜，他父親在奧地利森林裡的一個小瀑布旁看守，防止半夜來偷魚的竊賊。在清澄的瀑布底下的水潭中，他看到有許多鮭魚聚集。忽然間從下游來了一條特別大的鮭魚，這些小鮭魚就不見了。這條大鮭魚游到瀑布下，在波濤起伏的水中大幅度的做扭轉運動起來，快速地游來游去。突然間大魚不見了，代之而起的是瀑布的噴流中出現金屬般閃亮的東西。修伯格看到這條大魚正在圓錐形的水流中成螺旋運動前進，然後停止搖擺，變成不動地漂浮向上，一到瀑布的下緣一翻身，接著強烈的推擠就越過了瀑布的上邊。到了那裡水流很快，這條魚做了尾部的劇烈運動就不見了。

後來在一個晴朗的冬天夜晚，在明亮的月光下，修柏格站在深山裡一潭由急流灌注的水潭旁。潭深有數公尺，但是清澈見底。在裡頭有許多人頭般大小的石頭。當他站著研究這些石頭時，驚奇地看到一些石頭動來動去，好像是將這些石頭堆起來互相碰撞一樣。突然間一顆人頭大小的卵石開始畫圓圈，一如大鮭魚跳越瀑布之前所做的跳舞運動。接著這顆石頭浮起來，在滿月的月光照耀下迅速地環形移動，修柏格知道它已經浮出水面。然後第 2 顆、第 3 顆……一個一個做同樣的運動，最後所有卵圓形的石頭都浮出水面。那些不規則或有角的石頭仍然不動地沉在水底。修柏格認為這些會動的石頭含有某種金屬成分。

修柏格認為是 implosion（聚爆）的能量，使得鮭魚能往上跳過瀑布，或是促使石頭會浮出水面，這是有別於傳統用的 explosion（爆炸）一詞。其實 implosion 就是緩衝，老子在 2,500 年前看到飛碟時就已經提過了，但他用的是「道沖」這個名詞，「道沖」是「水磁」的性質，可以使洪水流經江河時造成漩渦，而有緩衝作用。日本東北外海因海嘯所造成的大漩渦，因空中攝

影看得很清楚。古代人類的活動基本上是在大地，即使有上述現象也不一定看得到。看不到不能代表沒發生過。

　　有一年夏天，修柏格在奧地利的一個深山湖泊旁邊，正在想要不要到湖裡涼快涼快，當他決定要跳入水中時，忽然看到湖水開始以螺旋形的漩渦旋轉，以前山崩掉入湖中的木頭開始作螺旋形的舞蹈，而且愈來愈靠近中央，速度也愈來愈快，使湖水向漩渦中心匯集。到達中心以後木頭忽然豎立起來，樹皮剝落，就像一個人被龍捲風吸到空中，衣服被剝除直挺挺地被丟到地上一樣，湖中不再有樹木浮出來。湖水立刻變得平靜，就好像遭難者被拖到湖底一般。但是這種平靜只是暴風雨來的前奏，突然間湖床開始發隆隆聲，水柱像發芽狀突然向上噴出，水柱中傳來閃電般的噪音，約有房子那麼高。忽然水柱像噴泉朝他的方向落下來，當神秘的水柱形成時波浪打到岸邊時，他趕快撤離。修柏格認為他經驗到水膨脹的原型，一座湖水從內部再生，而沒有任何其他湖水流入。

　　依照修柏格的描寫，筆者認為可能是 UFO 從湖中飛出去，因為飛出水面時湖水這樣一番令人驚奇的變化，還來不及想是怎麼一回事波浪就濺向岸邊。這時修柏格走避都來不及，哪裡會注意 UFO ？於修柏格與 UFO 而言是偶然發生的？還是 UFO 事先藏在湖裡等修柏格？對一般人而言，總是需要一個說法來解釋這樣一件特殊事件。但以「磁化」來講「蜻蜓點水」同時在這一點發生，而 UFO 的具體內涵人類又一無所知，今日人類開始要探究卻僅有一點頭緒，我們應當不要放棄這個線索。對這一事件比較合理的解釋是 UFO 本來就知道飛出湖面時，湖水濺向岸邊人類的反應，時間控制得正好「適時」飛離湖面。修柏格在 2 次世界大戰時曾替納粹德國設計飛碟，根據他兒子的說法，也有過飛行的成績。

　　筆者認為修柏格將近百年前所看到的會跳舞的石頭，可能就像深山湖泊的 UFO「適時」讓石頭跳舞。修柏格認為這是因為這些卵圓的石頭裡頭有金屬，也許他是要講磁鐵，但是筆者認為根本不必有磁鐵，也不必「蜻蜓點水」，

直接「磁化」就可以了。即然「磁化」就可以，人類的化學周期表也可能不是必要的，要是修柏格像今天有數碼相機就好了。

　　如果 UFO 裡的靈是地球人類所稱的外星人，假使卵圓石像修柏格看到的那樣能浮起來的話，在中國江西上饒縣發現的飛碟石是否可稱之小靈。

修伯格
www.jacktummers.nl/meanderend-water/

螺旋型水流力量設計
www.pillaroflight.net

十 . 數碼攝影與緩衝

緩衝與爆炸是從自然現象觀察到的。2011 年 3 月日本東北發生大地震，隨之帶來的海嘯，提供了緩衝在自然災害現場的作用。

《道德經》40 章：

> 反者道之動，弱者道之用。天下萬物生於有，有生於無。

解讀

我遇見的「鼓風的麻袋及鼓風的竹筒」如果向天空衝出去的話是會飛得看不見的，但是如果只使出祂的功「用」的話就會離我不遠。因此作官兒的我認為天下的萬物有靈，是從「鼓風的麻袋及鼓風的竹筒」來的，是從「大一」的「磁」來的。

在這裡老子想要表示水磁和萬物有靈的體用關係，雖然水磁在萬物之經潺湲的迴漩流出，才能夠在萬物之母看到萬物有靈的「用」，但是在萬物之經的緩慢流動是對宇宙而言，其實比較起人的活動而言，是強大快速到幾乎不能計量的。因此人們的「用」的範圍是在人類能感覺的範圍。

至於「反」與「用」的關係，我們不妨認為在力量方面是強與弱的關係，在長久或短促方面是快與慢的關係。

311 大地震及海嘯跟櫻島火山一樣，同時也引來許多 UFO 到海嘯現場偵察，如果小心檢視這些災難的攝影，不難發現 UFO 除了火山爆發以外，對海嘯這些緩衝現象也有興趣研究，筆者自互聯網查詢當時 UFO 的行動如下。

1. 在直昇機朝着某港口局部攝影，在一燈塔前面有一黑色流線形飛行體，從左上方向右下方直線通過。半途中自燈塔後下方另有一相同的飛行體自水中忽然出現，向右上方飛去，這應當是在雲層遮住陽光時從直昇機向海岸燈塔攝影的，所以飛碟在數碼攝影呈現黑色。另有一

鏡頭從遠處有高度的直昇機攝影海嘯正在朝海岸進行，左半邊天空晴朗，右半邊天空烏雲密布。從右邊海岸向左邊外海飛出一流線形黑色飛碟，飛過白色波前，然後進入黑色的海洋。雖然是白天，數碼攝影使雲層覆蓋的右邊飛碟呈現黑色。

2. 另有一處從遠處有高度的直昇機攝影岸邊，在碼頭前海邊有五個長方形建築體的中央大建築體及左邊小建築體之間，突然從冒泡海中的白色泡沫中飛出一白色飛碟，飛到半空中突然消失得無影無蹤。如果從3月11日下午櫻島火山山陰的飛碟突然間全部消失的紀錄，推測這是飛碟能以人類還不明瞭的「磁化」隱匿蹤跡。

3. 有一攝影資料是大海嘯以包抄之勢成弧形從右方襲來時，從直昇機上攝得有一白色飛碟在低空也以反弧形方向，從下方往上方飛越在波浪前作觀察。

4. 在另一個現場，直昇機攝得似飛碟的白色飛行物從左方到右方直線低空飛行，似乎在進行觀察，以當時處於海嘯災難現場的日本人，大概還沒有餘裕作這樣的調查。

另外亦有其他直昇機攝得類似直昇機的白色飛行體，在現場從右方到左方直線飛行。但搭乘直昇機的是在作新聞報導的主流媒體，在這關鍵時刻似乎不會有人類做低空飛行觀察才是。

造成人類這麼重大災害的緩衝，於 UFO 的靈而言似乎事不關己，何以祂們仍有興趣作現場研究？相信祂們早已知道大地震會帶來海嘯，祂們有辦法飛行自如的能力，而不是像人類得跑到高處才能避難。但是祂們為什麼還是要來作觀察？筆者猜想祂們預料到災區得核能電廠會產生人類複合災害，可能會產生像火山爆發的爆炸污染問題，而不只是緩衝問題。有了爆炸問題，不只是人類受害，說不定連祂們也會受到波及。所以如老子的「不言之教」－無為，也就緩衝，應當是我們人類要研究的課題。

　　因為我們人類進化較遲慢的關係，肉眼所看到的比較有限。近幾十年來出現的數碼攝影能觀察看到飛碟，這可能和「青藍光華」有關。因為「青藍光華」於人類只能憑器械測知，不能憑人類的視覺直接感知。但是憑數碼攝影看到標的物，這是傳統的使用底片的攝影所不能做到的。所以用數碼攝影終於可「看」到神秘的飛碟了。但是這個「看」法又不同於人類用眼睛的看，也不知道老子講的「夷」到是否適用於現代的數碼攝影？無論如何現代終於有數碼攝影可以間接看到，或是類似老子的「夷」到。然而即使人類在觀念上看到，在解釋所看到的現象上，也不可以人類的想法自以為是，而應當以數碼攝影為本位去解釋飛碟現象，這是不同於西方的物質世界。

　　近 30 年來人類的互聯網出現後，全球資訊的流通和數碼相機的使用，使得英國麥田圈所帶來的 UFO 裡的靈，與人類的連繫從不明狀態變成可能。近來有遊客半夜用數碼相機在英國倫敦橋附近拍旅遊照，拍攝當時一如平常未見異樣。但是事後察看影像時發現有飛碟盤旋在倫敦橋的附近，3 張不同地點的拍攝都顯示同一個飛碟。

　　阿波羅 12 號的宇航員拍攝的物體有「青藍光華」，倫敦橋上方的飛碟以眼睛看不到卻能以數碼相機拍攝得到，但是卻沒有「青藍光華」來推想，而兩者同樣是數碼相機拍的。

　　前者宇航員在太空裡拍攝的物體具有「青藍光華」特徵的影像，如果從月球直接以無線電傳回地球時則必須再次經過地球的「青藍光華」，是否兩者相抵消而在地面肉眼看時不顯出「青藍光華」？只有在地面以數碼相機拍攝傳回的影像才能看到「青藍光華」。但是實際上影像是宇航員從太空返航帶回地球的，所以影像有「青藍光華」。在地面以數碼相機照月球傳回來的影像，跟宇航員在月球拍攝然後帶回地球的影像相比，同樣有「青藍光華」。

　　後者倫敦橋的飛碟本身具有「磁化」，所以以人類的肉眼看未見其形，但是以數碼相機拍攝得到飛碟而不具「青藍光華」，是否我們可以比照前例推想，飛碟因為「磁化」，所以不像宇航員帶回的影像有「青藍光華」，而

是不具「青藍光華」的飛碟影像。總而言之，我們平常以數碼相機拍攝偵查上空有無飛碟，應該是可行的事。

至於飛碟的「磁化」，除了前面舉的例子外，臺灣島南部高山上的嘉明湖現象也是隕石坑對周圍「磁化」的例子。

臺灣島南部橫貫公路向陽山區，有一個史前的隕石坑造成的小湖泊，直徑 100~200 公尺左右，叫做嘉明湖，標高 3,260 公尺。1945 年日本投降後，有一架美國 B-24 軍機自琉球載運人員要到菲律賓改道回國，飛經嘉明湖附近發生空難，墜落在離嘉明湖 6 公里遠的山區。2003 年有一架軍方雙人座教練機，在嘉明湖地區上空失事，搜索後發現墜落在離嘉明湖 2 公里遠的山區，上述兩例都是發生在天候欠佳的時候。

軍機訓練常飛至這個地區，據說飛行員時常在空中看見這個湖，但是方向不是這個湖的位置，為什麼會這樣呢？因為就如同 UFO，隕石坑的「磁化」使得接近這個小湖泊的飛行人員有視覺不良情形，自己的視覺改變而不能「夷」，視而不見但而自己也不知道這種改變，因此發生繼續飛行直到撞山為止，據說靠儀器飛行接近這個地區時儀器也會有異常。

從地面看嘉明湖，但見湖水清澈，曾經有山難跟這個小湖泊有關。其中有一例是有一位年輕的登山者中午到達後，馬上跳入清涼的湖水中游泳卻溺斃，第 2 天下午搜索隊用生命探測影像儀，在湖底發現屍體，陳屍處湖底無雜草只有黑色泥土碎石，有氣體自湖底冒出，屍體之手腳身軀呈類似打拳擊模樣，好像被緊急冷凍一樣。通常正常死亡後屍體會僵硬，但是在水中溺斃的屍體，不應該呈現舞蹈一樣瞬間結束的狀態。一般溺水的情況是手腳掙扎後，直到力氣用盡為止。由此推想人類的身體在遇到 UFO 前，可能因為「磁化」而變得像傀儡一樣不能自己，當然事後也不知道發生什麼事。

CHAPTER
07

柒 /

另類　類
時　　空

一．另類時間

　　馬雅文化是墨西哥南部包括猶甘坦半島在內的古代文明，從西元前 1,800 年起，就有馬雅人開始引進玉米從事農業耕種，直到西元 1697 年，馬雅人在居住了 3,500 年的廣闊土地被西班牙侵略摧毀，成為殖民地，結束了馬雅時代。從中美州的考古研究，得知馬雅農民的祈禱詞，意外地與《道德經》55 章相當一致，該祈禱詞如下：

　　啊，神啊！森林的守護神！我會使您蒙受傷害，因為我為了生活將在您的身上耕作。但是我祈禱，沒有野獸跟蹤我，沒有羽蛇（蜥蜴）咬我，沒有蠍子螫我，沒有毒蜂刺我，沒有樹砸我，沒有斧子和大砍刀傷我。我將全心全意與您工作。神啊！神聖的風！您在哪兒？紅色的風！您在哪兒？白色的風！您在那兒？旋轉的風！您在哪兒？我不知道是在天邊遙遠的角落裡，在高大的山巒間，或在深廣的峽谷口呢？請您在我勞動過的地方發揮威力！

（見參考資料《神秘的馬雅》）

　　中美洲的金字塔的羽蛇裝飾造型，雖然有點像中國的龍頭，但是更像鬣蜥（iguana）的頭部。馬雅民族對風神的歌頌，可能是早期刀耕火種的時代，借助於風力是重要的動力來源。

　　在這樣獨特的人類生存環境，但是馬雅民族會在 300 多年前失去政權，是否和馬雅人認為將額頭壓扁是美麗的習俗有關，因為自嬰兒時期就開始被固定壓迫前額。我們從英國達爾文（1809~1882）的進化論了解「生存競爭適者生存」的道理，馬雅民族儘管生存了 3,500 年，還是不能逃過侵略劫難的進化觀點。那麼中國舊社會女子纏小腳的劣俗以及吸食鴉片等，幸而反清革命得到解放，要不然恐怕會落入「生存競爭適者生存」的窠臼與命運。

　　中南美洲的民族自古以來就崇尚自然，在高溫的叢林中獨立生存，雖然生活方式原始，也有部落之間鬥爭以及活人祭祀，但是卻有全靠石塊、木頭以及人力建造起具有特色的城市和金字塔。

　　西方承襲古埃及的法老思想，認為死後能像活人一樣享受，因此演變出地獄和靈魂觀念。大家對馬雅人也有同樣的誤解，其實善於與大自然共存的馬雅人，也像中國古人並無地獄的想法，老子的想法就是例子。

　　馬雅人不像其他西方文明講求武器的先進，只有到末期才輸入鐵礦用來製造禮儀用品及工具，但並不用在武器的製作上，西班牙人在 16 世紀初以槍炮侵入中美洲，就迅速摧毀他們的文化。如同中國清末八國聯軍輕易地把義和團拳民打得落花流水一樣。馬雅民族留下了無法摧毀的祭壇等古蹟，而他們測量天文與建築規劃之精準，令世人驚嘆。

　　據說 6,500 年前，中國軒轅黃帝的臣子風后發明指南車，黃帝才能從北方的陣地穿越蚩尤在南方的陣地而突襲得勝。以人類發明指南針的功能來講，有些是座落在南北的軸線，是否逐鹿之戰的敗方蚩尤集團，只學到了指南針功用的片斷。馬雅的金字塔只能測量東西方向，而南方在地下，北方在天上，

　　人類遷徙有此一說，即最早的美洲人類由北亞渡過白令海峽的冰原，輾轉到了中美洲，才有這種不完全的方位現象。反觀中國臺灣島與大陸之間的澎湖群島的井桶嶼，在今水面下 20~30 公尺深的水下城堡，顯示南北方向的中軸線，而在臺灣宜蘭距離外海百來公里處，琉球群島的與那國島海底也有人類活動的巨石遺跡。是否 6,500 年前地球還是在冰河時期，海面低於上述兩遺跡，而中國的逐鹿之戰是在冰原中進行的？直到 5,000 前全球大洪水來襲，中國冰原與白令海峽這兩處遺跡才被海水淹沒。

　　如果以上的想法可行，加以馬雅複雜的曆法，是以西元前 3114 年 8 月 13 日的特殊事件算起，而這個特殊事件是否與大洪水來襲有關？

　　達爾文考察古生物地理學是以 5 年環繞地球之旅，加上在家鄉長期觀察動物育種市場所得到的變種經驗為基礎，同一時期歐洲生物界正熱衷於動物退化器官的意義之辯論，因此赫胥黎參酌解剖學及胚胎學綜合成為「進化論」公諸於世。

　　但是達爾文在《物種源起》（The Origin of Species）所討論的動植

物，其歷史多在人類史前時代，依照西方平面數學的方法計算，可以倒推到幾十億年，而這種算法對現代人來講並無實際上的意義。中國北宋的沈括（1031~1095）認為「數」（也可比擬作西方數學）是很微細的，不知道曆法的人是不能領會的。但是中國的「象數」應用在「太極」、「陰陽」、「四象」、「八卦」、「六十四卦」等等非平面數學可用在曆法上，而北宋邵雍的「加一倍法」正是「陰陽」的 n 次方，這可說是立體的運算。

西方畢氏定理是直角三角形之邊的平面面積的運算，每直角邊面積之和等於斜邊之面積。但是面積等於該邊之自乘，設若該邊 =2，則該邊之 1 次方 $=2^1=2$，類似「陰陽」=2 的 1 次方；該邊之 2 次方 $=2^2=4$；該邊之 3 次方 $=2^3=8$……如此類推，是則進入了中國的「象數」。

西方數學中的「對數」其實並不是平面數學範圍，這是英國人納皮爾（John Napier, 1550-1617）在複利計算時，輾轉地以中國的陰陽做出來的計算，為了便利起見後來以 10 為底數的對數就因運而生。如果以「陰陽」=2 的 2 做為底數來做對數運算的話，則可說是立體數學的一種，可惜真理不是從平面數學來的，對數只不過是數學家創造出來的接近於非平面數學而已，所以並沒有 2 做為底數的對數運算。

為了接續現代數學的應用，時間以 10 為底數的對數，來說明地質年代及生物史，對於地質年代及動植史，筆者提出一個公式如下：

$X = \log^{10-y}$ y=year

另外列出 X 數值表如後，X=0, -1, -2, -3, -4, -5, -6, -7, -8, -9, -10，代表從 1 年以上到地球 46 億年的歷史。例如 5,000 年前的地球大洪水迄今 1 年前，是在 X=-4 到 0 的範圍內。像這樣以對數列表考古時代，比西方的平面數學方法列表有實際意義，而且可把歷史資訊加入表中。粗略看來，才能知道過去的考古研究及歷史研究究竟有什麼漏失的？尤其在全球資訊普及的今天，這種列表是可行的。筆者嘗試這種列表地球的歷史大事，發現過去 150 年來過於注重 X=-9 的研究，X=-5~-6 顯得貧乏，今後宜加強這一段時期的研究。

筆者以此方法依近遠時序，試圖摘要地球大事如表 7-1-1：

表 7-1-1

年代序	人類史大事記	星球事件 / 地球古生物進化
X=0	進入 21 世紀，科技瞬時變化。 2009 年代，隨身電話附數碼相機普及。 2012 年，馬雅預言轉入新時代。	7 年後變成像紅色草莓蛋糕，中央的地方是一團紅色，外圍的開始有燭光出現。隔空的更外圍也有一圈紅，其上有一燭光芒。
X=-1	1990 年代，隨身電話、數碼相機及互聯網普及。	已變成混沌一團
X=-2	1980 年代，個人電腦上市。 1969 年 7 月，人類第一次登陸月球，開始使用數碼相機。 1960 年代，使用電腦。 1945 年，原子彈作為武器轟炸日本。 1939 年，第 2 次世界大戰爆發。 1937 年，中日大戰爆發。 1914 年，第 1 次世界大戰爆發。 1903 年，萊特兄弟駕飛機試飛成功。	顯示極度膨脹的卵圓形球，清一色的基質上貫穿白色泡沫狀物質。
X=-3	1859 年，達爾文發表《物種起源》	卵圓形的超新星，表面兩側橫跨白色泡沫狀物質，呈現啞鈴形狀，正向腰腹部集中，已在膨脹的末期。
X=-4	中國儒家孔子思想 中國道家老子編《道德經》及《大一生水》。 大禹治水成功。 建造金字塔 6,500 年前，黃帝蚩尤涿鹿之戰。 傳說 8,000 年前，馬雅人已出現在中美洲猶加敦坦半島地區。	西元前 532 年，M1 超新星緩衝。 西元前 1300 年 ~ 西元前 640 年，NGC7293 超新星在摩羯座附近緩衝。 西元前 1300 年 ~ 西元前 1064 年，M80 超新星緩衝。 全球大洪水，根據馬雅曆計算西元前 3114 年 8 月 13 日可能是大洪水的特殊日子。最後一個冰河時期結束。
X=-5		

X=-6		
X=-7	考古人類學興起	新生代一 智人出現 300 萬年前以來，地球冰川廣布，黃土生成，氣溫從熱帶氣候逐漸下降。猿人出現，高等哺乳類繁盛，之後人類發展。 有造山運動，氣候從暖和變成寒冷，持續寒冷。 靈長類及類人猿出現， 在衣索匹亞 Awash 地區發現 600 萬年前南方古猿殘骸，哺乳類及鳥類繁盛。 被子植物繁盛迄今。
X=-8	考古學興起	
X=-9	近世考古生物活動遍布全球，X 值為 -9 的 5—7 億年前世代有了豐富的成果，依年代從近至遠，敘述如右列。	中生代一 白堊紀：大型爬行類滅亡，鳥類、有胎盤類及有袋類動物興起。 侏羅紀：恐龍繁盛的時代。被子植物出現。 三疊紀：原始哺乳類出現。 原始爬蟲類繼魚類興盛後出現在地球上。 （南美洲發現屬於蜥蜴類祖先的化石，可從現代追溯到三疊紀之早期。） 古生代一 二疊紀：在岩石中發現數以千計長着螺旋形外殼的菊石。 石炭紀：原始裸子植物出現。 泥盆紀：昆蟲及原始兩棲類出現，魚類興盛。 志留紀：水生無脊椎動物（水母、珊瑚等）繁盛，原始魚類出現。蕨類出現。 奧陶紀：水生無脊椎動物（腕足類、三葉蟲、筆石）繁盛。 寒武紀：三葉蟲繁榮。
X=-10		25 億年以前，岩層古老，地殼變動劇烈，細菌和藍藻開始繁殖。 34 億年以前，造陸運動，細菌和原核藻類出現。 46 億年以前，地球形成與化學物質進化。

《孔子家語》辨物十六，記載了孔子遇到菊石的事，是在 X=-4 的時代。

季桓子穿井獲土缶，其中有羊焉，使使問孔子曰：「吾穿井於費，而於井中得一狗，何也？」孔子曰：「丘之所聞者羊也。丘聞之：木石之怪夔　，水之怪龍罔象，土之怪羵羊也。」

解讀

季桓子在封地鑿井得到一個陶土做的罐子，裡面有個像羊角的玩意兒，他於是派人向孔子問説：「我在我的采邑開鑿一口井得到一件彎曲有鉤的玩意兒是啥？」在魯國鄉里間素以博學多聞的孔子回答説：「我聽説木石變成怪夔就叫做蝄蜽，水變成怪龍就叫做罔象，至於土變成怪就叫做羵羊。」

季桓子得到的叫做菊石，形態像羊的卷角，這是一種頭足類的古生物，到了恐龍興盛時，除了最早出現的先祖的共同後裔烏賊至今尚存外，菊石在這個時代的末期就滅絕了。孔子並不知道是何物，卻以其它名詞來搪塞季桓子的問題。

菊石化石
fossilammonite.myweb.hinet.net

侏儸紀的星菊石
zh.wikipedia.org/zh-hant/ 菊石目

在 X=-4 的時候，古埃及可能是第 5 代法老（2498~2345BC）將他們的太陽神阿蒙（Atum-Re）以菊石命名，而且在上埃及 Thebes 的 Kamak 神廟，建造了綿羊坐像及沒有鬍子的太陽神像。同時在該廟裡也建造了獅身坐像及蓄有鬍鬚的 Ptah 創造之神的神像，Ptah 神是生出太陽神的創造之神，接着排列着沒有神像附著的人面獅身像（Sphinx）。後來在下埃及的 Giza 金字塔附近，也建立了巨大的人面獅身像。

由此觀之，同樣在 X=-4 的老子與孔子，後者雖知道菊石的傳說卻不知道是何物，可見得在 X=-9 的時代菊石曾經出現及滅絕過。人類文明進步到現代，我們才弄清楚這是由何而來，從這裡我們也了解中國遠古時代，也曾經有過人類文化的混沌時期。

石炭紀原始裸子植物出現。原始爬蟲類繼魚類興盛後出現在地球上，在南美洲發現屬於蜥蜴類祖先的化石，可以從現代追溯到三疊紀之早期。

墨西哥國立人類學博物館收藏有標示骨雕小動物像的禮儀用品，約屬於西元 700~900 年代，被認為是爬行動物鬣蜥的雕像，腹部刻着代表數字和時間周期的符號。馬雅人認為世界是一個由 4 條大鬣蜥構成的類似房屋框架，這 4 條鬣蜥頭下尾上地支撐在一起，每隻鬣蜥構成了「從天頂到地平線的一面天」，又構成了其下的人間世界的地面。祂們各有不同的顏色，東方因為日出所以紅色，北方白色，西方因為日落所以黑色，南方黃色；在天空的部分有降雨的可能，在地面的部分又是植物賴以生存的土壤。鬣蜥是豐收之神、太陽神、地神和雨神的綜合體，是「萬物由之而生的無形之神」。日、月、星辰等天象都顯示在鬣蜥穹隆形的肚皮上，馬雅人在這個巨大的屋頂下建構他們的生活。（見參考資料《神秘的馬雅》）

　　更奇妙的是，1,300 年前墨西哥古代帕克倫國王巴卡爾的棺蓋上有線刻畫，刻着著名的石刻畫「駕駛航天器的馬雅人」，從這幅畫我們看到一位馬雅人駕着不妨稱做飛碟的飛行器前進。老子的《道德經》裡指出進入過飛碟裡面，能「夷」到、「希」到裡面的靈，而且能「不出戶，知天下」如《道德經》47 章，不出門就能看到飛碟自在地飛行。是不是馬雅人的傳說裡有個馬雅人被邀請到飛碟裡駕駛飛碟的故事？如果有過這回事，那麼上述的 4 隻鬣蜥圍成馬雅人在地球上的天地，這樣的說法豈非超乎理解或想像？

　　假使要追究 UFO 裡的靈是什麼？馬雅 8,000 年（X=-4）的歷史有過馬雅人進入飛碟駕駛，而馬雅人自認為鬣蜥是他們的天與地，我們想像如果 UFO 真由鬣蜥掌舵的話，那麼馬雅人祖先是不是曾經和 UFO 的鬣蜥做過第一手的接觸，可惜馬雅人被西班牙侵略統治，因此原先被 UFO 的靈期待的美意中途腰折了。

二. 另類時間的應用

　　自 1984 年起中國古生物學者研究雲南省東部的澄江地區，陸續發現在 X=-9 有脊椎的原始魚以下的物種繁多，在前寒武紀的淺海中發現這些物種，有別於 150 年以來西方的演化學者，一直認定前寒武紀沒有什麼生物，或生物演化很低階的結論。

　　若根據老子所說的「道沖」來看澄江化石群，則其緩衝可以寫做→北極星方向→澄江淺海化石群→緩衝。

　　現在拿緩衝來看看澄江淺海化石群，在前寒武紀大爆炸與《進化論》之辯。西方近代從事地質考古研究有成，再加上內燃機的發明應用，使得石油的探勘成為顯學，因此表 7-1-1 X=-9 項目下內容豐富，爭論也多。反觀 X=-4、-5、-6、-7、-8 等則顯得內容不足。也許是因為中國人民居住的東方亞洲地形封閉，以至於歷史能傳達 6,500 年，如 X=-4 欄位。反觀西方各國地形開放，歷史上沒有固定居民長期固定住在同一地，所以可追溯的可信史極短，最多 2,000~3,000 年，因此使得 X=-4 的的欄位大部分空白，即使是號稱創世紀的聖經，估計也不超越 5,000 年前的地球大洪水。

　　西方自從 1897 年發明內燃機後，石油消耗量逐漸增加。兩次世界大戰使石油用量不斷攀升，1945 年以前產油地區多由列強控制，因列強是石油的最大使用國。戰後各民族紛紛獨立，在列強勢力的支使下，油價一直被壓低，1963 年每桶才 15 美元左右。但是工業發達及先進國家車輛、航空的普及，石油需求節節生高。自從產油國組成 OPEC 的聯盟後，石油價格到今年（2011 年）已達 120 美元，約 1963 的 8 倍。

　　所以西方各國致力於尋找更多的油源，普遍調查全球 X=-9 的產油地質的行動火熱地進行，隨着這個活動所帶來的是 X=-9 地球考古資訊特別豐富，由此證明其他的 X 值有待人類去開發才能趕上。澄江淺海化石群的研究多多少少與這一波考古熱有關。

　　但是澄江淺海化石群的調查研究，確實對達爾文的漸進性《進化論》說法給了一個挑戰。我們知道達爾文早年搭乘小獵犬號軍艦做為期 5 年的環球

航行，他回到英國後，20 年來幾乎每天從一條小徑步行到動物育種市場，觀察動物的育種變化。他的《物種起源》一書並沒有化石證據足以說明漸進性的進化演變，因為找不到中間型的化石紀錄，即使到今日 X=-7 的資料庫已經汗牛充棟，我們仍然沒辦法證明達爾文的說法是正確的。難怪澄江淺海化石群的發現，對這個說法引出疑問。

有關宇宙間緩衝的理論，也許我們可以這麼設想：因為西方數學大致是平面數學（對數例外），而中國的象數就平面來講是立體的，因此緩衝應該是以平面與立體的 3 個軸所構成的球形旋轉空間，一如地球在宇宙所佔據的空間一樣。但是緩衝的空間並不一定由可見的實質物體所佔據，也可以由不可見的空間佔據，一如西方天文學的所謂「暗物質」，但是無論如何祂是旋轉的。

達爾文
gan.wikipedia.org

三 . 另類空間

　　時間方面由前篇另類時間的公式及表 7-1-1，可以看出時間是以對數，亦即陰陽進行的，從 X=0 進位到 X=-10 乃是漸進的，除了 X=-8 產生的澄江淺海化石群證明漸進性進化順序有誤外。試想人類的太空探險，如果不是以類似這裡所講的時間漸進性進行的話，那麼宇航員豈不是要好幾代留在太空艙裡才能到達目的地，而且地球人類隔代養育問題也沒辦法解決。

　　既然時間應以對數列表為宜，那麼空間是否也可以對數表示呢？測量太陽與各行星間的距離，是以地球與太陽的距離為 1 天文單位（AU），則太陽與各行星間軌道的平均距離是以 AU 來表示。今分別以平面數學距離、10 為底數的對數、e（e=2.718……）為底數的對數，嘗試列表如下：

表 7-3-1

太陽	平面距離（AU）	10 為底數	e 為底數
水星	0.3871	-0.41	-o.95
金星	0.7233	-0.14	-0.32
地球	1	0	0
火星	1.524	0.18	0.42
木星	5.203	0.72	1.65
土星	9.539	0.98	2.26
天王星	19.19	1.28	2.95
海王星	30.06	1.48	3.40
冥王星	39.48	1.60	3.68

從以上表看來，假設距離能以 2 做為對數的底數來運算，相信更能符合自然數（其實是本質數）1, 2, 3 的順序，這樣就能使人類易於接受，因為唯有這樣才能看出宇宙緩衝的道理，而不是大爆炸。可惜老子的宇宙緩衝這種說法，已經被埋沒了 2,500 年，現代西方的大爆炸說法不符合真理。怪不得鄧小平說：「實踐是檢驗真理的唯一標準。」而不是先提出假說而留待實驗驗證。

已知的西方最早由赫拉克利圖斯（Heraclitus）所撰寫的詩集說：「公正除非被告知，否則不能知道何謂公正。」他又說：「公正超越偽證，即使是被尊敬的人有幻想也不會影響公正，因為公正是以法律保障的。」及「人們應該維護法律和刑罰。」

柏拉圖是理解（reasoning）的鼻祖，但是根據早於柏拉圖時代的巴門尼德（Parmenides）走訪赫拉克利圖斯未遇後，所傳唱的詩集（Fragments）第 1 節－女神對巴門尼德所說的「對」與「公正」。我們可看出西方是以公認的正確與法律為本質，也就是後來成為 nature 演進的基礎，並不是老子的自然。但是清朝末年的嚴復（1854~1921）卻把西學中的 nature 翻譯成自然，因此造成今天誤以為 nature 就是中國的自然，因此李春生（1838~1924）提出論點表示不同意。

女神對巴門尼德還說出真理（Aletheia or Truth）必須傾聽才能知道是對的，但是傾聽是古埃及法老的「舌」說的話是唯一，那不是真理而是古埃及人的命令。真理需要被檢驗才能知道是不是真理，而實踐是檢驗真理的唯一標準。

柏拉圖把自己的哲學分成：(1) 靜的智慧型（intelligible form）部分，此部分又分心（heart）與舌（tongue）兩層次，以及 (2) 動的部分，此部分又分傾聽與智慧兩層次（hearing, no-wise 與 listening, wise），而且是由內在向外散布出去的。理解是屬於智慧型的舌的層次，也就是改良了古埃及的「心」與「舌」成唯一的古埃及法老或僧侶的做法，讓人民遵行由柏拉圖所說的理解。

　　近代歐洲大陸的萊布尼茲（Gottfried Wilhelm Leibniz，164-1716）說數學的定理和邏輯，包括在理解真理之內，而這只是對理解的範圍重新界定，對屬於古埃及的心與舌成唯一，或後世換湯不換藥地改成神的意旨為唯一，並無實際改變。英國的洛克（John Lock, 1632~1704）主張憑感官的感覺來驗證真理而不是憑理解，因此導致後世的實驗講求控制組的需要，特別是赫胥黎等在達爾文之後，鼓吹實驗成為當今科學方法成為主流。

　　從巴門尼德、柏拉圖到萊布尼茲的理解以及洛克的感覺之經驗，到近代的自然實驗（實際上是本質實驗）以及赫胥黎等科學方法，都脫離不了西方數學是平面數學的缺點。以人類歷史的觀點來看，這是一種進步，而且使現代人一方面享受到廉價的電力，另一方面遭受核能的威脅。但又受限於所假設的架構下的侷限性，特別是西方的有神論者的論點是來自古埃及僧侶所設定的，這種進步本身也是有其侷限性的，何況西方主流並不認為真理需要以實踐來檢驗。

　　宇宙的緩衝道理既然使距離也可像 X 數值一樣，是以類似對數方式，而不是以平面數學進行方式，則澄江淺海化石群所在的地點，與鄰接點的地球上的緩衝距離，以及宇宙的緩衝距離應不太遠，因此以緩衝距離從事太空探險其他星系才成為可能。

巴門尼德
zh.wikipedia.org

柏拉圖
www.hhvs.tp.edu.tw

捌 /
數碼化

一. 從馬雅曆法說起

　　馬雅民族是中美洲一個古老的民族,西方咸認其曆法複雜而且精確。這樣說來現代的曆法豈不是過於簡單而不精確?馬雅曆法是以西元前 3,114 年 8 月 13 日的特殊事件算起,而這 5,000 年前的特殊事件,是否就是世界大洪水來襲的日子?

　　6,500 年前在中國北方冰天雪地之下進行的逐鹿之戰,軒轅打敗蚩尤世稱黃帝,在東亞建立起了政權。

　　全世界大洪水來襲之後,古埃及的黑色民族從衣索匹亞高地移居至北方的尼羅河,在大洪水之前曾居住過的尼羅河三角洲附近重新建立了政權,是為第一位法老。從第二位法老到第四代的古夫法老建造了最巨大的金字塔,建造於三角洲附近的金字塔,延續到第十二代的法老才停止建造,前後約一千多年。

　　為什麼要建金字塔?馬雅民族也建造金字塔,只是沒有埃及的巨大。可能的解釋是大洪水對人類的打擊太大,使得人類從原本朝向發展的開朗情緒中,突然蒙上了大洪水的陰霾。可能統治者認為只有建造巨大的金字塔,才能抵擋洪水,試觀發生於日本東北海嘯現場就可以感到天災緩衝的力量。

　　古埃及的僧侶們也設計出法老死後永生的觀念,輾轉傳到後世變成死後有地獄侍候的說法。馬雅民族雖然沒有地獄的文化,但是這個先天樂觀的民族亦有可能恐懼洪水的才建造金字塔。

　　5,000 年前發生大洪水的證據之一,是來自亞歷山大大帝佔領古埃及以前,最後一位法老僧侶告訴前來學習的古希臘統治者一個故事。那位法老建都的地方 Sais 就是大洪水之前統治者所居住的城市,而這個故事輾轉傳到柏拉圖(Plato, 西元前 429~374)耳裡,由他寫成文字流傳至今。

　　雖然 5,000 前古埃及已有象形文字,但象形文字的目的不在溝通而在裝飾墓室,所以在大洪水之後古埃及法老早期是以假借神意(法老就是神)的傳達方式統治人民。其方法是用心及舌頭發布命令時叫做唯一,這是不可反抗的。到了第 18 代的法老 Akhenaton 改成信奉一神教後(阿頓神),才有

在介於物質及真空組成動的空間裡，由一位平民只聽到神說的話就去執行，或使能聽得懂所說的話而不會反抗的人去傾聽，以期獲得回饋給神。

古埃及的說話方式傳給了古希臘，但是後者並沒有法老制度，而且逐漸走向城邦民主，所以他們講的話是以語標（Logos）代表，但仍使用唯一的一。從赫拉克利圖斯（Heraclitus 西元前 535~475）以及巴門尼德（Parmenides 西元前 540~480）的詩集（Fragments）都出現一，應可證明古希臘的語言方式是從古埃及學來的。

柏拉圖是第一個能用古希臘口語發展過來的文字書寫的作者，他的前輩蘇格拉底仍使用古希臘口語所形成的符號，還不能用以書寫成文章，那個時候人們只能憑口傳說話來溝通。柏拉圖之前 400 年的盲眼詩人荷馬（Homer, 西元前 850）以吟唱方式唱出他所聽到的傳說，包括別人所看到的飛碟現象和自己的想像，加上 250 年前鄉村唱者添油加醋傳布，就輾轉形成了希臘神話故事。

古埃及王朝壁畫
www.tupianxiaozhan.com

古埃及王朝壁畫
www.liuqiang.ac.cn

　　到了蘇格拉底之前的赫拉克利圖斯，在他唱出的話給眾人聽的時候，已經有了所說話的語標，他所留下來的詩集應該是他講的話的語標。此外和赫拉克利圖斯同一時代的巴門尼德，可能從今義大利南部向東至今土耳其西岸赫拉克利圖斯家鄉，拜訪未遇而唱出了自己的詩集。赫拉克利圖斯居住在距離古希臘的哲學家泰勒斯老家 14 公里的山區，前者的主張接近於老子《道德經》，和西方哲學傳統大不相同。

　　西洋詩應該是重回語標的時代，其文詞比較細膩，但容易使得文字編寫時產生密碼。中國的象形文字有時也會產生謎語，像《道德經》28 章的「知其白，守其黑」就是老子用的謎語。

古代埃及地圖尼羅河分布
www.hzgj.net

蘇格拉底
www.twwiki.com

二 . 現代化前後

　　英國女王伊麗莎白的御醫吉爾伯特（William Gilbert, 1540~1603）從事天然磁石的研究，他的研究內容不外乎磁石的外觀特性，以及他想像中的磁石具有的力量。他把磁石比喻做一個地球，並且想像磁石有合乎人性的功能。

　　但是吉爾伯特的想像力引不起伽利略（Galileo Galilei, 1564~1642）的興趣，吉爾伯特出版了《De Magnete》一書後不久，一場肆虐倫敦的鼠疫在英國女王過世的同一年，也奪走了吉爾伯特的生命。

　　1614 年，英人納皮爾（John Napier, 1550~1617）完成類似銀行複利的計算法，並以拉丁文將之命名為為「對數」（logarithm），以所謂自然對數（其實是本質對數）的名稱發表出來。在這篇的英譯本附錄中，出現了 2.718 這個數字。這是在西方首次見到非畢達哥拉斯的數學，時間在吉爾伯特研究磁石之後，而且是在伽利略研究鐘擺與自由落體之前。不過根據 1915 年在英國愛丁堡召開紀念納皮爾發現對數紀念會，所發行的紀念刊物上的記載，與會者羅馬皇家大學中文學院教授 Giovanni Vacca 的報告說在納皮爾發明對數以前，於 1494 年的威尼斯《Summa de Arithmetica》雜誌就已登載了 Luca Pacioli 發現了複利的計算公式 =2，而不是納皮爾的所謂自然對數值 2.718。

　　雖然納皮爾已發表所謂自然對數，但可能伽利略胸中存有畢達哥拉斯仰望金字塔而衍生出平面數學的氣魄，身為數學教授的伽利略不了解納皮爾的商業數學，也忽視吉爾伯特的磁石研究，冒著教皇的反對毅然研究平面數學。伽利略是第一個自製望遠鏡觀察天體的人，對天文學貢獻極大，他有足夠的勇氣不顧一切這麼做，不管合理與否。

　　牛頓（Issac Newton, 1643~1727）繼承伽利略的實驗方法，更深入西方的平面數學，提出萬有引力定律和運動三大定律。今天看起來完全忽略老子的漩渦，以及西方古代的「一」充滿物質的空間及真空之間出現的古埃及傳下來的唯一。英國的博物學者達爾文（Charles Darwin, 1809~1882）在 1859 年出版了《物種起原》主張不管動物還是植物都是由低等的物種演化而來，他的好友胚胎學者赫胥黎（Thomas Huxeley, 1825~1895）以如下的證

據支持達爾文的新學說：（一）比較古生物地理學上的差異、（二）胚胎學的證據、（三）形態學的證據，如動物退化的器官、（四）解剖學的證據。

但是赫胥黎後來從他面南的住宅，看到牆外荒蕪的樹木野草，以及老鐵橋和舊石階，因風吹雨打而生鏽以及長滿苔蘚，他認為鐵橋生鏽和石階長苔蘚，是因為建了鐵橋和石階才有生鏽和苔蘚，他就想起要靠人為力量使這種退化現象消除，因此誤認為須靠科學才能消除這種退化，而不是任其自生自滅。

Science 原意是知識，但是經由赫胥黎的鼓吹，這個知識方法漸漸地變成形容伽利略、牛頓等一系列主張，要有平面數學為依據的研究方法，甚至於到了今天已變成排他的利器。我們不妨這樣想，西方沒有老子崇尚的哲理和思維，反而認為靠人為力量消除退化現象才是科學，這才有 20 世紀上半葉的兩次世界大戰及繼之而來的核子武器競爭。

中國北宋的邵雍（1011~1077）早已對他的弟子程顥，以宮廷廊柱的排列指出加一倍法給他看，而這個加一倍法就是 2 的 n 次方（$2^1=2$, $2^2=4$, $2^3=8$……依此類推），其意義應可代表中國的陰陽、四象、八卦等等。

北宋 邵雍（邵康節）1011 − 1077
http://ja.wikipedia.org/wiki

畢氏定理乃以金字塔投影之半的直角三角形兩直角邊面積之和，等於其斜邊之面積，以式表之為 $a^2+b^2=c^2$。

到了 17 世紀天文學家刻卜勒（Johannes Kepler, 1571~1630）研究當時發現的 SN1604 超新星並提出星球運動定律，他提出行星的軌道是橢圓形的說法，還首先把空間（距離）和時間納入混為一談。

牛頓將刻卜勒所認為行星與太陽的距離，與該行星的時間（週期）有一定值的關係，改成這個關係是該行星與太陽的質量之和，並且把它叫做萬有引力定律，在時間與空間外多加了質量。建基在平面數學上的牛頓所提出的運動三定律是可預測的，不像現代西方講的不可預測性，之所以會有不可預測性是因為西方數學大抵是平面數學。

牛頓和萊布尼茲（Gottqried Wilhelm Leibniz, 1646~1716）發展的微積分，所講求的變化率雖然應用在天文上沒有很高的價值，但是不可否認對平面數學貢獻很大。

積分 ∫ 與微分 dx 互相抵銷是微積分的運算規則。平面數學的平方反比律（inverse-square law）常被用來界定某指標量，微積分把這個指標量定義為所謂自然對數在微積分上等於 3.1416 的開平方，跟自然對數 2.718 與 3.1416 開平方的數等於 1.7725 不相等相而矛盾，完全是人為的定義，以數學式表示如下：

$$\int \ln 1/x^2 dx = \sqrt{3.1416}$$

由此更進一步看得出微積分只是平面數學的近似值，應用時還得加以驗證才行，對於非平面數學如天文學研究，實際上並無用武之地。

法國的布格爾（Pierre Bouguer, 1698~1758）曾做過蠟燭光線被阻擋後投射在白色屏幕上所產生的陰影的比較實驗。他以兩根相同的燭光其中一跟距離屏幕 1 英呎，移動第 2 根燭光到遠方。他發現第 2 根燭光在離屏幕 8 英呎的距離時兩根燭光才不會產生陰影，否則的話兩根燭光必然產生不同的陰影。如果以刻卜勒距離的平方來表示兩根燭光在屏幕上所顯示的亮度，則 8

英呎與 1 英呎所產生的亮度是 $8^2:1^2=64:1$，而這個 64:1 恰等於 2 的 6 次方。

德國的韋伯（Ernst Heinrich Weber, 1795~1878）後來發現對人體同一種刺激，其刺激量必須達到一定的比例才能引起差別感，以布格爾的實驗來說明這個差別就是 64:1 倍。

2 的 6 次方雖然及不上邵雍的 64 卦，但是這種巧合可見得中西方也有對照的一面，雖然基本上中西方還是各自發展互不相干。

韋伯的實驗到了同樣是德國人的費希納（Gustav Theador Fechner, 1801~1887），雖然費希納不知道納皮爾的所謂自然對數是非平面數學，但是他發現取所謂自然對數作演算，比平面的線性作演算來得合理。為了便於操作，後人改為 10 為底數的常用對數。舉例說明如下：

在做聽力的檢查時，檢查員所給予的聲音強度，對於受測者感受到的聽覺有對數關係，以分貝（decibel）的數值來說，高聲說話的響度為 6.5db（分貝），是樹葉沙沙聲響度 1db 的 10 的 6.5^{-1} 次方倍，大概是 316000 倍。

韋伯
vebidoo.de

費希納
en.wikipedia.org

　　相隔一個 8 度的兩個音其振動頻率相差一倍，但人耳分辨時會認為相差一個 8 度音程。我們把一個 8 度又均分為半音程，因此每個半音程之頻率差等於所謂自然對數 2.718 為底數的 1/12 次方倍。

　　費希納應用平面數學的微積分，將這種事實寫成公式，還表示這個公式裡的常數（公式裡不變的數值）的倒數就是感受性的指標，這就叫做韋伯─費希納定律（Weber-Fetchne law）。

　　關於韋伯─費希納定律的應用再講一個例子為了表示地震強度和頻率的關係，以便使科學家研究有人傷亡的地震。谷騰堡和里克特利用表示地震幅度與頻率的兩條互相垂直的直線，連接起來模擬畢達哥拉斯的斜邊。事先安排好橫軸每增加一倍，則縱軸減少 10 的 4 次方（記得本來是 n=1、2、3、4……，現在是 n=4、8、12、16……），並使所得的點之連線成為直角三角形的斜邊，也就是斜率 =1。考察其目的，不過是為了摹仿畢達哥拉斯的畢氏定理，斜率 =1 就是直角三角形互相垂直的兩邊長度相等，似乎是想要模仿畢氏定理的斜邊正方形的面積，而畢氏定理只是平面數學，不能超越平面的統計研究有什麼意義。

　　後世的「冪次定律」（power law）模仿畢氏定理，想要套入使斜率 =1 的數值，當然這是基本設計，但是套入的實際數值能使得斜率 =1 嗎？事實上「冪次定律」近年來被濫用於西方的統計工作，縱軸不限於 10 的 n 次方（n=1、2、3、4……），而使得斜邊凹陷不再成一直線。創立「冪次定律」的史帝芬斯（Stanley Smith Stevens, 1906~1973），不以非平面數學的對數來作運算，而另立新法，這樣的結果只會造成擺脫不了平面數學的桎梏。

三. 數碼化的故事

1978 年中國馬王堆一號墓出土文物，發現了一件有立體層次圖案的紋織品，稱作「香色地對鳥菱紋綺」，這件紋織物是以經線（X）與緯線（Y）交織，但是在平織地紋另有菱形斜紋顯出花紋，菱形沒有固定斜向，依花紋線條走向變換，有別於以前的同一方向顯花的紋織。這是由兩種織法構成的聯合組織，採用多綜多躡裝置的織布機，使斜紋花紋對稱重複出現。馬王堆一號墓建於西元前 165 年，埋葬的是西漢第一代馱侯長沙國丞相利蒼夫人辛追及織品文物。

東漢三國時代的馬鈞，改良西漢陳寶光妻的多綜多躡裝置的織花機，以束綜提花方式提高紋織生產效率。最後演變成提花織機，織機的構造看起更為立體，其方式是在傳統的織布機上方加高一層，稱為花樓。織布的底組織經線以綜統片上下開口通梭織底組織外，另將起花的經線依順序分把吊成綜束，由一名挽花工在花樓層依照花本，控制起花經線的上下浮沉，織工則在下層投以各色小緯管顯花織造生產織錦物，這種特殊裝置的織花機稱作提花機或空引機。明朝的宋應星（1587~1666）在他所著作的《天工開物》繪圖解說此種提花織布機，稱作叫做花機。

中國的提花機技術後來傳到中亞地區與鄰國日本，並間接傳入至歐洲各國，後來由法國賈卡（Jacquesd Vaucanson, 1709~1782）改良成一人操作的紋版提花機。這是在織布機上方裝上傳動花筒，套上串組好的連續打孔厚紙版去提動花綜的經線，此種紋版提花機班稱作賈卡機（Jacquard）。近年來應用電腦輔助自動化生產系統，已發展出採用光電感應及電磁閥的電腦直織提花機，並且逐漸取代賈卡紋版提花機。

今日稱為電腦程式設計即有類似原理，在中國古代的對鳥菱紋綺織物、提花機（空引機），以及近代法國紋版提花機都有同樣的程式設計方法。如果用今天的程式語言來說，電腦或紋版提花機可以重複執行一套既定的程序，其重複內容或次數可以在事前計算確定，也可以依計算結果而臨時決定變更。前者是 for-loop 程式語言，後者是 while-loop 程式語言。

英國的 Babbage（Charles Babbage, 1791~1871）在該國政府的補助下設計機械式的運算機器，該機器越做越龐大。Ada 伯爵夫人（August Ada Byron, 1815~1852）當年曾參與 Babbage 的設計工作，她把改良功能的運算機器認為是獲自 Jacques 紋版提花機內軟件原理的啟示。Ada 説：「Jacques 紋版提花織機的真正重要之處在於控制程序與儲存訊息，並重複執行一套既定的程序」，程式語言用到的邏輯就叫做 Boolean logic。

之後，英國的法拉第（Michael Faraday, 1791~1867）發明直流電動機原理後，電子化操縱的電算機才開始被嘗試。雖然在 Jacques 生前法拉第還沒有發現磁鐵移動引發銅線圈產生電流，但是到 Babbage 運算機器時已有電流可用。布什（Vannevar Bush, 1890~1974）設計出電流的開或關（on/off）可表示測量的量，如舊式的黑白電視機，這就稱做類比式（analog）。布什的朋友數學家維納（Nobert Wiener, 1894~1964）卻認為以數字的數序來決定開或關的計數比較為可行，後來稱做數碼式（digital）。

至於這種平面數字的數序以 1 代表 on、0 代表 off，則 1 到 15 順序的數序　是：1、10、11、100、101、110、111、1000、1001、1010、1011、1100、1101、1110、1111。

1980 年代以來個人電腦興盛，以及 2000 年後盛行的數碼攝影，係使用 2 的 n 次方為計算單位的位元（bit）電子組件，只因為這不是平面數學所能應對的。

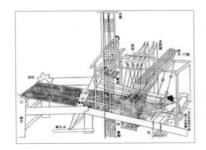

宋應星｜天工開物 花機圖
www.tupian114.com

賈卡（Jacquard ）｜紋版提花機
ja.wikipedia.org/wiki

四. 納茲卡線

　　哥白尼（Nicolaus Copernicus, 1473~1543）提出地球是圓的學說之前，西方是承襲自 2,700 年前的巴比倫天文學，然後傳遞給古希臘的 Hipparchus（西元前 190~120）。到了羅馬時代，由托勒密（Claudius Ptolemy 西元前 100~173）的九重天的天文知識輾轉傳下來。中國因為地處東亞地形封閉，以至於在歷史上沒有機會去探究地球像其他星球一樣是圓的。

　　自從美國萊特兄弟於 1903 年開始了人類的第一次動力飛行之後，1914 年第一次世界大戰之前已有商業運輸機。1930 年代，南美洲的秘魯從首都利馬飛往南方城市的航線開闢不久，美國考古學家為了勘查當地古代水利系統，利用飛機空中攝影，結果發現一條古代印地安運河。一位飛行員將照片帶到利馬的民族學博物館，聲稱在納茲卡（Nazca）谷地上發現了運河。館長聽到了之後十分懷疑，納茲卡是秘魯南端伊卡省（Ica）的一座古城，東鄰安地斯山脈（Andes Mountains）西臨太平洋。在古城附近有一塊平坦而荒涼的谷地，叫做納茲卡谷地。因為納茲卡是屬於乾燥的地區，水源缺乏，運河之水從何而來？為了證實自己的話，飛行員拿出了一張地圖，圖上用鉛筆勾畫了他看到的運河，十分離奇和別致。遺憾的是館長在飛行員離去後，立即將地圖放進了古文書保管所，再沒過問。

　　幾年後這張地圖輾轉傳到了美國歷史學者科索克手裡，引起他極大興趣。1940 年，科索克率領考察團來到納茲卡谷地，到達那裡不久，他們就在黑褐色的高原上發現地面有白色清晰的溝渠般的線條，不過它不能算是運河，因為它的河床頂多深 15~20 公分。長條溝的形狀難以捉摸，有的彎彎曲曲，有的筆直一條線長達 1.5~2 公里。在這布滿沙石的谷地製圖版上，究竟被畫了什麼？

　　一天科索克的調查群沿着一條彎曲的溝行走，一面在地圖上記下長溝的位置形狀。為了準確無誤，每個人都分別畫在自己的地圖上。一段時間過後，溝的位置和形狀被拚出來了。奇怪的是這竟然是一幅喙部突出的巨鷹圖。鷹尾 140 公尺，喙長 100 公尺，翼長 90 公尺，有一條直線橫向跨越巨鷹的兩翼長達 1.7 公里的筆直的溝，幾乎從東到西的方向。（資料來源，《上一次文明》，參考資料 2）

　　科索克帶了指南針，1980 年代當強力的鈮鐵硼磁鐵被用於工業以前，傳統指南針只是將磁鐵泡在液體中漂浮，靠磁鐵的吸力轉動浮球以辨別方向，在實際運用上，除了有時可分別南北的大致方向外，功能很有限。自從鈮鐵硼指南針問世之後後，指南針可以做成圓盤形乾式指南針，能觀察指針的南北轉向或靜止時指針的方向。由此可以想見科索克當年帶的指南針沒有什麼大用處。

　　但是科索克既然在納茲卡谷地現場，也許是浸沉於大地的圖畫之迷，他注意到納茲卡谷地在南半球的冬至日（北半球是夏至日）與 6 個月後的夏至日（北半球是冬至日），上述橫跨巨鷹圖案兩翼 1.7 公里的直線，恰好落在太陽自安地斯山升起與夕陽落於西邊的太平洋是同一條直線上。假使有雲或下雨看不到日出或日落，科索克就無法觀察到這個現象。好在納茲卡谷地的氣候終年乾燥日光充沛，人口也稀少，所以造成科索克研究的良好觀察條件，借用《西遊記》作者吳承恩筆下的潑猴孫悟空的一句話說：「何方神聖能有這種安排？」

　　瑪麗亞（Maria Reiche）是納粹德國駐秘魯大使館的人員，因為二次大戰時秘魯與德國斷交，她遂留在地；恰好科索克需要一位當地的助理人員，她便加入了這個團隊，瑪麗亞後來在納茲卡谷地活到 95 歲。

我們在日常生活中能從窗戶觀察日照的方向，光線緩緩移動或者從右到左，或者從左到右，依季節每季不同，每日不同。一個地方的冬至與夏至間隔半年，此時地球的自轉軸之一端，因為地球傾斜的關係靠近太陽或者遠離太陽。以北極地區來講自轉軸之北極夏至日靠近太陽時，開始有半年的永晝。冬至日北極遠離太陽時，開始有半年的永夜。如果我們住在北半球從窗戶觀察冬至和夏至這兩個日子，就會分別有陽光從右到左及從左到右。

在納茲卡谷地的科索克在南半球的這兩個日子看到的是：冬至太陽在天空中的時間一年之中這天最長，而夏至太陽在天空中的時間一年之中這天最短。南半球的冬至及夏至日照時間與北半球相反。科索克在這兩個日子雖然依照人類的經驗，找到日照時間最長與最短，事實上納茲卡谷地四處日照時間都是一樣，不一定要哪條納茲卡線才能看到最長與最短。

科索克在納茲卡谷地找到的橫跨巨鷹兩翼 1.7 公里的直線的初步意義，是為何有這樣符合每年天時的許多線？人類雖然自認為無所不能，馬雅人就不這麼認為，但是以這麼荒涼的環境以及尚未開化所謂文明，為什麼這樣的大地巨作會在這裡出現，而且至少有 1,500~2,200 年的歷史？這恐怕這不是單純人力所能為的吧！難怪作官的老子要說「無為」。如果非人類所為，那麼納茲卡谷地的圖畫有什麼意義？這種圖畫與麥田圈（crop cycles）有什麼關係？麥田圈能像人類回答問題一樣回答嗎？何況麥田圈的規模與圖案，恐怕不是人類所輕易做得到的，這是怎麼一回事？

　　瑪麗亞自 1940 年起一直留在納茲卡谷地現場，這期間經過了 1957 年人類開始太空探險，1969 年的類登陸月球以及數碼相機的使用，1980 年代電腦的普及和互聯網的鏈結，2000 年代隨身數碼裝置及數碼照相機相機普及，與 2,500 年前的老子時代相比，每個人的隨身配備已大為不同。

　　假使沒有瑪麗亞在現場停留這麼久，而我們又能從互聯網立刻知道是怎麼一回事的話，人類不知道哪一天才會注意到納茲卡谷地？需不需要另一個 1,500 年嗎？筆者認為不需要另一個 1,500 年，但有可能延遲一些年才能認知，因為二次大戰後 60 多年來的和平時期，人類已有足夠的進步，以至於臨門一腳隨時可得分。但是由此例可知道在現場研究的重要性。

　　相信今後人類對 UFO 會越來越了解，與 UFO 裡的靈也會有更多接觸的可能性。

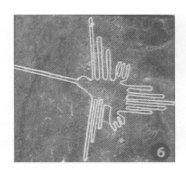

納茲卡線蜂鳥圖
ground-life.com.tw

納茲卡線兀鷹圖
www.igotmail.com.tw

蛇鵜鳥－兀鷹與蛇結合的圖案
ecard.csc.com.tw

CHAPTER
———09

玖 /
雜記

　　漢武帝（西元前 140~ 西元前 87 年）時期的鄧平等人提出太初曆，把 365 又 385/1539 日定為一回歸年；《周易》64 重卦每卦 6 爻共 384 爻，假使再加上神秘的乾卦用九與坤卦用六，則有 386 爻，平均數字是 385；所以不妨假設要找的比冥王星更遠的第九大行星，其公轉周期是 385 年。假使把太陽系的八大行星比喻為陀螺儀（gyroscope）的旋轉輪，當旋轉輪兩側關節所接的外環垂直時，將之當做第九大行星的軌道，那麼要找該行星得從地球的南北軸線找，其觀測點應遍布南北半球。

　　再者，根據瑪雅人僅留下來的四種刻本之一，德勒斯登刻本（Dresden Codex）的解讀，他們用了 384 年持續觀察金星，才有相當於地球的月亮陰曆 29 天多作為時間的間隔單位，所計算出來的太陽、金星、地球三星會合的各種時間的間隔。也就是說不論是 29 天多做為單位，還是 384 年，這些都除得盡地球的一年或三星會合時金星的各種週期，以及做為地球年的計算單位。馬雅曆法是公認為準確的曆法，有這麼多的巧合於上述各種看似不相關的數字，則可能是宇宙裡磁學之一面。若找第九大行星，事實上在眾多清晰的背景星星影像之中，單獨挑出該行星，以目前的知識來講是困難的，但是筆者認為我們不妨一試。

　　非洲西撒哈拉沙漠南邊的馬利共和國有一民族，住在連綿幾百公里的懸崖邊，叫做 Dogon，傳說他們的祖先叫做 Nommo，成魚人的形狀從天狼星（Sirius）過來的，兩河流域也有上半身魚下半身羊的神話流傳。是否在圖表二的 X=-9 欄 Nommo 造訪地球（自下往上代表年代更早）之事成為可能？果真如此則後來的異齒龍（Dimetodon）出現（頭顱窩 1000cc 以上），是否與此有關？如果以上為真，則假設現代的鬣蜥之靈是否能成立？

中國春秋時代星象家，將天上的星星對應於各諸侯國的領土一般，在西方古代可能也是以歐非亞等洲地及地中海對應於天上的星星，只不過他們是以西北非洲對應於南半球的南船座（Argo），這是現代的船底座（Carian）、船尾座（Puppis）、船帆座（Vela）的部分組合而成。一般船的舵都設在船尾，所以舵可說是對應於非洲的西北部。寬闊的船身是以南方的老人星（Canopus）與 Dogon 的天狼星（Sirius）對應。至於代表船帆的從天狼星劃一直線到獵戶星座（Orion）腰部的三顆星，再延長到昂宿星團（Pleiades），應該是對應於已知西方文明的發祥地—地中海周圍。

　　今人根據敍利亞海岸的 Ugarit 所發掘出來，西元前 1,800 年的泥板上的圖案，研究出那相當於古希臘的二音階，也就是今日的八音階之圖。再根據 5,000 年前大洪水之前古埃及城市 Behdet，與大洪水之後約旦南部曾與以色列前身聯盟的 Dogon 人所住的地方，兩者同樣位於同一緯度之事實；則從八音階之圖及同一緯度的兩個地方為起始點，向北每隔北緯 1 度算起的話，則一共 8 個緯度間隔，連起點共 9 個間隔，相當於音樂的八音階，因此帆船的風帆與桅桿是可演奏出音樂的。

　　大洪水之後，古埃及文明傳播到古希臘及美索不達米亞，可從這個八音階圖看得出來，例如希臘的北方和亞美尼亞在第 8 音階，地中海的克里特島在第 4 音階，在音階線上都有古代文明傳播，所謂神喻的實際地點。大洪水之後的中國春秋時代，因為有諸侯列國，所以星象家對應列國命名星座。命名方式可說是由地面向宇宙發展，而西方到現代才知道是由星座向地面或海洋發展，中國對應的星座與西方對應的星座是在不同天區。

中國古代的《周髀算經》裡周公問於商高：

竊聞乎大夫善數也，請問昔者包犧立周天曆度，夫天可不階而升，地不可得尺寸而度，請問數安從出？

意思是說上升到天，下降到地，數從哪兒來的呢？

商高以 81 個字之中也有「九九八十一」的文字回答周公關於「徑一周三」之言如下：

數之法出於圓方，圓出於方，方出於矩，矩出於九九八十一。故折矩，以為句廣三，股修四，徑隅五。既方之，外半其一矩，環而共盤，得成三四五。兩矩共長二十有五，是謂積矩。故禹之所以治天下者，此數之所生也。

根據後來魏晉時代趙爽與劉徽的解釋，演繹以及現代的幾何學，我們得以知道「句廣三，股修四，徑隅五」就是直角三角形的一邊句（勾）=3，另一邊股 =4，斜邊徑 =5 的話，則勾與股的平方和 =25。「外半其一矩環而共盤」是指斜邊（徑）的平方 =25，得到「方出於矩」也就是勾與股的平方之和等於斜邊（徑）的平方，這是畢氏定理的特例。「圓出於方」指的是以此直角三角形斜邊為直徑畫出半圓，其內接三角形必為直角三角形，這是畢達哥拉斯的老師泰勒斯從古埃及的僧侶那兒得來的知識。當時中國全圓之長的計算是「徑一周三」，也就是這個特例的斜邊為圓的直徑乘以三。

成書於西元 263 年劉徽撰寫的《九章算術》將全圓之長「徑一周三」的直徑 X3 的 3（也就是現代的圓周率 π 值）精算到 3.14 或 3.1416，這也是後來西方命名的 π 值（全圓之長 =2X 半徑 Xπ=2πr，π = 圓周率），但是漢朝的劉歆卻早已使用 3.1547 值的圓周率，因此鑄造出標準容器，傳到祖沖之（西元 429~500 年）父子才算出 π=3.1415926 到 3.1415927 之間。

　　商高的回答周公剛好 81 個字，那麼 81 這個神秘數字是否也有蹊蹺？西方的科學講究守恆，中國自古代傳來的思想講求平衡但不一定要守恆，這是因為中國是講求「天、人、地」的民族，其思維是以宇宙為著眼點，與西方的以平面為著眼點不同。因此商高以這 81 個字解釋「數之法」，筆者認為有時空上的特殊意義，現代人實在不宜忽視。

　　考察商高的「數之法」出現的年代在殷商之後老子時代的 2,500 年之前，商高的「商」字可能代表商朝，所以中國的「數之法」可能與古埃及的幾何學出現在同一時代。

　　古埃及在建造金字塔時與中國一樣，利用圓與方的幾何學及開平方，建立金字塔的高度與底座長度最適當的比例，而這個比例以幾何學畫出是 1.618033988……比 0.618033988……。後人演算出這個黃金分割（Golden Section/Golden Mean）phi 值是 $\sqrt{5}/2+1/2=1.618033988$……，而 $\sqrt{5}/2-1/2=1.618033988$……，兩者只是加減 1/2=0.5 之別。古希臘的泰勒斯與畢達哥拉斯因為文化斷層，無由了解古埃及的神秘數學，但是他們卻以中國一般的圓的內接直角三角形演繹出畢氏定理。

　　柯易列夫應用 $\sqrt{5}/2-1/2$ 之值與 phi 值來演算他的論說及實驗，由此形成時間過程的因果論，並結合乙太理論和黃金分割，用來論證宇宙的漩渦和度量螺殼的外形，有別於西方傳統的因果論與正統科學。如此說來黃金段落、π 值、畢氏定理，與後世修飾 phi 值成近似值，所得的對數螺旋線形狀的蝸牛或貝殼動物的螺殼形態，都具有類似的意義，這是否為磁的特性之一？人類尚不很清楚其意義何在？但是我們不妨說柯易列夫的實驗是自然實驗。

　　追溯起螺殼外形，也就是後世根據古埃及的幾何學，演算出的黃金分割的源頭，其實位於非洲西北部 Dogon 部落有關於天狼星（Sirius）的神話，是最早有螺殼外形的傳說，這種圖樣根據部落的長老傳說，是來自天狼星系的生命之源，以 7 粒種子或芽枝生出枝條，由短逐漸變長生出，由外膜包圍形成卵圓形的類似螺殼外形的世界，而這個說法被法國人類學者於 1940 年代實際採訪後，紀錄著書流傳於西方文明世界，這就成為後來的黃金分割說法。

　　柏拉圖在 Timaeus 中也提到 n2 及 n3 問題，但是他限於畢達哥拉斯面對金字塔投影的平面幾何觀念，整理不出如邵雍的加一倍法系統，以及楊雄《太玄》的 3 方、9 州、27 部、81 家之天學觀念。筆者的看法是柏拉圖當年只能根據平面幾何將數字，連同畢達哥拉斯學派的靈魂和神明討論一番，但跳脫不出古埃及人建立的實體建設及理念，因此西方迄今仍然以柏拉圖為圭臬，此為中西方文化差異之所在。

菊石化石
zh.wikipedia.org/zh-hant/ 菊石目

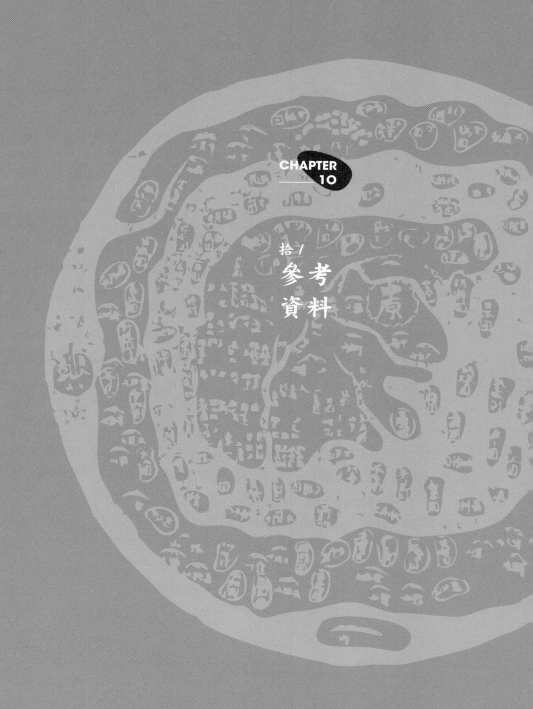

CHAPTER
10

拾 /
參考
資料

拾 / 參考資料 _____

參考資料

1. 《老子道德經注校釋》(魏)王弼注，樓宇烈校釋，中華書局 2008。

2. 《大一生水》郭店楚簡校譯，劉釗，福建人民出版社，上海 2003。

3. 《神秘的馬雅》，中華世紀壇《世界文明系列》編委會編，北京出版社，2001 第一版。

4. 《上一次文明》，雷升，臺灣先智出版，北京中國社會出版社授權，2001 第一版。

5. 《異次元空間講義》，楊憲東，宇河文化，台北第 2 版。

6. 《生命科學之世界（杏林散記）》，楊喜松，合記圖書出版，台北 1997 第一版。

7. 《古本山海經圖説上下冊》，馬昌儀，蓋亞文化，台北 2009 第一版。

8. 《馬基維利：權力的哲人》，Ross King 原著，吳家恆譯，左岸文化，台北 2011。

9. 《中國自然地理圖集》，133~135，明光，中國地圖出版社，北京 2007 第二版

10. 《中華遠古史》，王玉哲，上海人民出版社，上海 1999 第一版。

11. 《李春生著作集 4—東遊六十四日隨筆、天演論書後》，李明輝、黃俊傑、黎漢基，南天書局，台北 2004。

12. 《老子大一生水出土的啟示—自然與磁現象的探索》，王銘玉，美崙磁學社，台灣 2011。

APPENDIX

附錄 /
老子
《道德經》
全文

附錄、老子《道德經》全文

第 1 章

　　道可道，非常道。名可名，非常名。無名天地之始，有名萬物之母。故常無欲，以觀其妙；常有欲，以觀其徼。此兩者同出而異名，同謂之玄，玄之又玄，眾妙之門。

第 2 章

　　天下皆知美之為美，斯惡已。皆知善之為善，斯不善已。故有無相生，難易相成，長短相較，高下相傾，音聲相和，前後相隨。是以聖人處無為之事，行不言之教；萬物作焉而不辭，生而不有，為而不恃，功成而弗居。夫唯弗居，是以不去。

第 3 章

　　不尚賢，使民不爭；不貴難得之貨，使民不為盜；不見可欲，使民心不亂。是以聖人之治，虛其心，實其腹，弱其志，強其骨。常使民無知無欲。使夫智者不敢為也。為無為，則無不治。

第 4 章

　　道沖而用之或不盈，淵兮似萬物之宗；挫其銳，解其紛，和其光，同其塵，湛兮似或存。吾不知誰之子，象帝之先。

第 5 章

　　天地不仁，以萬物為芻狗；聖人不仁，以百姓為芻狗。天地之間，其猶橐籥乎？虛而不屈，動而愈出。多言數窮，不如守中。

第 6 章

谷神不死，是謂玄牝。玄牝之門，是謂天地根。綿綿若存，用之不勤。

第 7 章

天長地久。天地所以能長且久者，以其不自生，故能長生。是以聖人後其身而身先；外其身而身存。非以其無私邪，故能成其私。

第 8 章

上善若水。水善利萬物而不爭，處眾人之所惡，故幾於道。居善地，心善淵，與善仁，言善信，正善治，事善能，動善時。夫唯不爭，故無尤。

第 9 章

持而盈之，不如其已；揣而梲之，不可長保。金玉滿堂，莫之能守；富貴而驕，自遺其咎。功成身退，天之道也。

第 10 章

載營魄抱一，能無離乎？專氣致柔，能嬰兒乎？滌除玄覽，能無疵乎？愛國治民，能無知乎？天門開闔，能為雌乎？明白四達，能無為乎？生之，畜之。生而不有，為而不恃，長而不宰，是謂玄德。

第 11 章

三十輻，共一轂，當其無，有車之用。埏埴以為器，當其無，有器之用。鑿戶牖以為室，當其無，有室之用。故有之以為利，無之以為用。

第 12 章

五色令人目盲，五音令人耳聾，五味令人口爽，馳騁畋獵令人心發狂，難得之貨令人行妨。是以聖人為腹不為目，故去彼取此。

第 13 章

寵辱若驚，貴大患若身。何謂寵辱若驚？寵為下，得之若驚，失之若驚，是謂寵辱若驚。何謂貴大患若身？吾所以有大患者，為吾有身，及吾無身，吾有何患？故貴以身為天下，若可寄天下；愛以身為天下，若可托天下。

第 14 章

視之不見名曰夷，聽之不聞名曰希，搏之不得名曰微。此三者不可致詰，故混而為一。其上不皦，其下不昧。繩繩不可名，復歸於無物。是謂無狀之狀，無物之象，是謂惚恍。迎之不見其首，隨之不見其後。執古之道，以御今之有。能知古始，是謂道紀。

第 15 章

古之善為士者，微妙玄通，深不可識。夫唯不可識，故強為之容：豫兮若冬涉川，猶兮若畏四鄰，儼兮其若客，渙兮若冰之將釋，敦兮其若樸，曠兮其若谷，渾兮其若濁。孰能濁以靜之徐清？孰能安以久動之徐生？保此道者不欲盈，夫唯不盈，故能蔽不新成。

第 16 章

致虛極，守靜篤。萬物並作，吾以觀復。夫物芸芸，各復歸其根。歸根曰靜，是曰復命。復命曰常，知常曰明。不知常，妄作凶。知常容，容乃公，公乃王，王乃天，天乃道，道乃久，沒身不殆。

第 17 章

太上，下知有之，其次親而譽之，其次畏之，其次侮之。信不足焉，有不信焉。悠兮其貴言，功成事遂，百姓皆謂我自然。

第 18 章

大道廢，有仁義；智慧出，有大偽；六親不和，有孝慈；國家昏亂，有忠臣。

第 19 章

絕聖棄智，民利百倍；絕仁棄義，民復孝慈；絕巧棄利，盜賊無有。此三者以為文不足，故令有所屬：見素抱樸，少私寡欲。

第 20 章

絕學無憂，唯之與阿，相去幾何？善之與惡，相去若何？人之所畏，不可不畏。荒兮其未央哉！眾人熙熙，如享太牢，如春登台。我獨泊兮，其未兆，如嬰兒之未孩；儽儽兮，若無所歸。眾人皆有餘，而我獨若遺。我愚人之心也哉！沌沌兮，俗人昭昭，我獨若昏。俗人察察，我獨悶悶。澹兮其若海，飂兮若無止。眾人皆有以，而我獨頑似鄙。我獨異於人，而貴食母。

第 21 章

孔德之容，惟道是從。道之為物，惟恍惟惚。惚兮恍兮，其中有象；恍兮惚兮，其中有物。窈兮冥兮，其中有精；其精甚真，其中有信。自今及古，其名不去，以閱眾甫。吾何以知眾甫之狀哉？以此。

第 22 章

曲則全，枉則直，窪則盈，敝則新，少則得，多則惑。是以聖人抱一為天下式。不自見，故明；不自是，故彰；不自伐，故有功；不自矜，故長。夫唯不爭，故天下莫能與之爭。古之所謂曲則全者，豈虛言哉！誠全而歸之。

第 23 章

希言自然。故飄風不終朝，驟雨不終日。孰為此者？天地。天地尚不能久，而況於人乎？故從事於道者，（道者）同於道，德者同於德，失者同於失。同於道者，道亦樂得之；同於德者，德亦樂得之；同於失者，失亦樂得之。信不足焉，有不信焉。

第 24 章

企者不立，跨者不行，自見者不明，自是者不彰，自伐者無功，自矜者不長。其在道也，曰「餘食贅行」。物或惡之，故有道者不處。

第 25 章

有物混成，先天地生。寂兮寥兮，獨立而不改，周行而不殆，可以為天下母。吾不知其名，字之曰道，強為之名，曰大。大曰逝，逝曰遠，遠曰反。故道大，天大，地大，王亦大。域中有四大，而王居其一焉。人法地，地法天，天法道，道法自然。

第 26 章

重為輕根，靜為躁君。是以聖人終日行不離輜重。雖有榮觀，燕處超然。奈何萬乘之主，而以身輕天下？輕則失本，躁則失君。

第 27 章

善行無轍跡，善言無瑕讁；善數不用籌策；善閉無關楗而不可開，善結無繩約而不可解。是以聖人常善救人，故無棄人；常善救物，故無棄物，是謂襲明。故善人者，不善人之師；不善人者，善人之資。不貴其師，不愛其資，雖智大迷，是謂要妙。

第 28 章

知其雄，守其雌，為天下谿。為天下谿，常德不離，復歸於嬰兒。知其白，守其黑，為天下式。為天下式，常德不忒，復歸於無極。知其榮，守其辱，為天下谷，常德乃足，復歸於樸。樸散則為器，聖人用之，則為官長，故大制不割。

第 29 章

將欲取天下而為之，吾見其不得已。天下神器，不可為也，（不可執也。）為者敗之，執者失之。（是以聖人無為，故無敗；無執，故無失。）故物或行或隨；或歔或吹；或強或羸；或挫或隳。是以聖人去甚，去奢，去泰。

第 30 章

以道佐人主者，不以兵強天下。其事好還。師之所處，荊棘生焉。大軍之後，必有凶年。善者果而已，不以取強。果而勿矜，果而勿伐，果而勿驕。果而不得已，果而勿強。物壯則老，是謂不道，不道早已。

第 31 章

夫〔佳〕兵者，不祥之器，物或惡之，故有道者不處。君子居則貴左，用兵則貴右。兵者不祥之器，非君子之器，不得已而用之，恬淡為上。勝而不美，而美之者，是樂殺人。夫樂殺人者，則不可以得志於天下矣。吉事尚左，凶事尚右。偏將軍居左，上將軍居右，言以喪禮處之。殺人之眾，以哀悲泣之，戰勝，以喪禮處之。

第 32 章

道常無名，樸雖小，天下莫能臣也。侯王若能守之，萬物將自賓。天地相合，以降甘露，民莫之令而自均。始制有名，名亦既有，夫亦將知止，知止所以不殆。譬道之在天下，猶川谷之於江海。

第 33 章

知人者智，自知者明。勝人者有力，自勝者強。知足者富。強行者有志。不失其所者久。死而不亡者壽。

第 34 章

大道氾兮，其可左右。萬物恃之而生而不辭，功成不名有。衣養萬物而不為主，常無欲，可名於小；萬物歸焉而不為主，可名為大。以其終不自為大，故能成其大。

第 35 章

執大象，天下往。往而不害，安平太。樂與餌，過客止。道之出口，淡乎其無味，視之不足見，聽之不足聞，用之不可既。

第 36 章

將欲歙之，必固張之；將欲弱之，必固強之；將欲廢之，必固興之；將欲奪之，必固與之。是謂微明。柔弱勝剛強。魚不可脫於淵，國之利器不可以示人。

第 37 章

道常無為而無不為。侯王若能守之，萬物將自化。化而欲作，吾將鎮之以無名之樸。無名之樸，夫亦將無欲。不欲以靜，天下將自定。

第 38 章

上德不德，是以有德；下德不失德，是以無德。上德無為而無以為；下德為之而有以為。上仁為之而無以為；上義為之而有以為。上禮為之而莫之應，則攘臂而扔之。故失道而後德，失德而後仁，失仁而後義，失義而後禮。夫禮者，忠信之薄，而亂之首。前識者，道之華，而愚之始。是以大丈夫處其厚，不居其薄；處其實，不居其華。故去彼取此。

第 39 章

昔之得一者，天得一以清，地得一以寧，神得一以靈，谷得一以盈，萬物得一以生，侯王得一以為天下貞。其致之，天無以清將恐裂，地無以寧將恐發，神無以靈將恐歇，谷無以盈將恐竭，萬物無以生將恐滅，侯王無以貴高將恐蹶。故貴以賤為本，高以下為基。是以侯王自稱孤、寡、不穀。此非以賤為本邪？非乎？故致數輿無輿。不欲琭琭如玉，珞珞如石。

第 40 章

反者道之動，弱者道之用。天下萬物生於有，有生於無。

第 41 章

　　上士聞道，勤而行之；中士聞道，若存若亡；下士聞道，大笑之。不笑，不足以為道。故建言有之：明道若昧，進道若退，夷道若纇，上德若谷，大白若辱，廣德若不足，建德若偷，質真若渝，大方無隅，大器晚成，大音希聲，大象無形，道隱無名。夫唯道，善貸且成。

第 42 章

　　道生一，一生二，二生三，三生萬物。萬物負陰而抱陽，沖氣以為和。人之所惡，唯孤、寡、不穀，而王公以為稱。故物或損之而益，或益之而損。人之所教，我亦教之。強梁者不得其死，吾將以為教父。

第 43 章

　　天下之至柔，馳騁天下之至堅。無有入無閒，吾是以知無為之有益。不言之教，無為之益，天下希及之。

第 44 章

　　名與身孰親？身與貨孰多？得與亡孰病？是故甚愛必大費，多藏必厚亡，知足不辱，知止不殆，可以長久。

第 45 章

　　大成若缺，其用不弊。大盈若沖，其用不窮。大直若屈，大巧若拙，大辯若訥。靜勝躁，寒勝熱。清靜為天下正。

第 46 章

天下有道，卻走馬以糞。天下無道，戎馬生於郊。禍莫大於不知足；咎莫大於欲得。故知足之足，常足矣。

第 47 章

不出戶，知天下；不窺牖，見天道。其出彌遠，其知彌少。是以聖人不行而知，不見而明，不為而成。

第 48 章

為學日益，為道日損。損之又損，以至於無為。無為而無不為。取天下常以無事，及其有事，不足以取天下。

第 49 章

聖人無常心，以百姓心為心。善者，吾善之；不善者，吾亦善之；德善。信者，吾信之；不信者，吾亦信之；德信。聖人在，天下歙歙焉，為天下渾其心，百姓皆注其耳目，聖人皆孩之。

第 50 章

出生入死。生之徒，十有三；死之徒，十有三；人之生，動之死地，亦十有三。夫何故？以其生生之厚。蓋聞善攝生者，陸行不遇兕虎，入軍不被甲兵；兕無所投其角，虎無所措其爪，兵無所容其刃。夫何故？以其無死地。

第 51 章

　　道生之，德畜之，物形之，勢成之。是以萬物莫不尊道而貴德。道之尊，德之貴，夫莫之命而常自然。故道生之，德畜之。長之育之，亭之毒之，養之覆之。生而不有，為而不恃，長而不宰。是謂玄德。

第 52 章

　　天下有始，以為天下母。既得其母，以知其子，既知其子，復守其母，沒身不殆。塞其兌，閉其門，終身不勤。開其兌，濟其事，終身不救。見小曰明，守柔曰強。用其光，復歸其明，無遺身殃，是為習常。

第 53 章

　　使我介然有知，行於大道，唯施是畏。大道甚夷，而人好徑。朝甚除，田甚蕪，倉甚虛；服文綵，帶利劍，厭飲食，財貨有餘；是為夸盜。非道也哉！

第 54 章

　　善建者不拔，善抱者不脫，子孫以祭祀不輟。修之於身，其德乃真；修之於家，其德乃餘；修之於鄉，其德乃長；修之於國，其德乃豐；修之於天下，其德乃普。故以身觀身，以家觀家，以鄉觀鄉，以國觀國，以天下觀天下。吾何以知天下然哉？以此。

第 55 章

　　含德之厚，比於赤子。蜂蠆虺蛇不螫，猛獸不據，攫鳥不搏。骨弱筋柔而握固。未知牝牡之合而全作，精之至也。終日號而不嗄，和之至也。知和曰常，知常曰明。益生曰祥。心使氣曰強。物壯則老，謂之不道，不道早已。

第 56 章

知者不言，言者不知。塞其兌，閉其門，挫其銳，解其分，和其光，同其塵，是謂玄同。故不可得而親，不可得而疏；不可得而利，不可得而害；不可得而貴，不可得而賤。故為天下貴。

第 57 章

以正治國，以奇用兵，以無事取天下。吾何以知其然哉？以此。天下多忌諱，而民彌貧；民多利器，國家滋昏；人多伎巧，奇物滋起；法令滋彰，盜賊多有。故聖人云：「我無為，而民自化；我好靜，而民自正；我無事，而民自富；我無欲，而民自樸。」

第 58 章

其政悶悶，其民淳淳；其政察察，其民缺缺。禍兮福之所倚，福兮禍之所伏。孰知其極？其無正。正復為奇，善復為妖。人之迷，其日固久。是以聖人方而不割，廉而不劌，直而不肆，光而不燿。

第 59 章

治人事天，莫若嗇。夫唯嗇，是謂早服；早服謂之重積德；重積德則無不克；無不克則莫知其極；莫知其極，可以有國；有國之母，可以長久；是謂深根固柢，長生久視之道。

第 60 章

治大國，若烹小鮮。以道蒞天下，其鬼不神；非其鬼不神，其神不傷人；非其神不傷人，聖人亦不傷人。夫兩不相傷，故德交歸焉。

第 61 章

　　大國者下流，天下之交。天下之牝，牝常以靜勝牡，以靜為下。故大國以下小國，則取小國；小國以下大國，則取大國。故或下以取，或下而取。大國不過欲兼畜人，小國不過欲入事人。夫兩者各得其所欲，大者宜為下。

第 62 章

　　道者萬物之奧。善人之寶，不善人之所保。美言可以市，尊行可以加人。人之不善，何棄之有？故立天子，置三公，雖有拱璧以先駟馬，不如坐進此道。古之所以貴此道者何？不曰：以求得，有罪以免邪？故為天下貴。

第 63 章

為無為，事無事，味無味。大小多少，報怨以德。圖難於其易，為大於其細；天下難事必作於易，天下大事必作於細。是以聖人終不為大，故能成其大。夫輕諾必寡信，多易必多難。是以聖人猶難之，故終無難矣。

第 64 章

　　其安易持，其未兆易謀。其脆易泮，其微易散。為之於未有，治之於未亂。合抱之木，生於毫末；九層之臺，起於累土；千里之行，始於足下。為者敗之，執者失之。是以聖人無為故無敗，無執故無失。民之從事，常於幾成而敗之。慎終如始，則無敗事。是以聖人欲不欲，不貴難得之貨；學不學，復眾人之所過。以輔萬物之自然，而不敢為。

第 65 章

古之善為道者，非以明民，將以愚之。民之難治，以其智多。故以智治國，國之賊；不以智治國，國之福。知此兩者亦稽式。常知稽式，是謂玄德。玄德深矣，遠矣，與物反矣，然後乃至大順。

第 66 章

江海所以能為百谷王者，以其善下之，故能為百谷王。是以欲上民，必以言下之。欲先民，必以身後之。是以聖人處上而民不重，處前而民不害。是以天下樂推而不厭，以其不爭，故天下莫能與之爭。

第 67 章

天下皆謂我道大，似不肖。夫唯大，故似不肖。若肖，久矣其細也夫！我有三寶，持而保之。一曰慈，二曰儉，三曰不敢為天下先。慈故能勇；儉故能廣；不敢為天下先，故能成器長。今舍慈且勇，舍儉且廣，舍後且先，死矣！夫慈以戰則勝，以守則固。天將救之，以慈衛之。

第 68 章

善為士者不武，善戰者不怒，善勝敵者不與，善用人者為之下，是謂不爭之德，是謂用人之力，是謂配天古之極。

第 69 章

用兵有言：「吾不敢為主而為客，不敢進寸而退尺。」是謂行無行，攘無臂，扔無敵，執無兵。禍莫大於輕敵，輕敵幾喪吾寶。故抗兵相加，哀者勝矣。

第 70 章

　　吾言甚易知，甚易行。天下莫能知，莫能行。言有宗，事有君。夫唯無知，是以不我知。知我者希，則我者貴。是以聖人被褐懷玉。

第 71 章

　　知不知上，不知知病。夫唯病病，是以不病。聖人不病，以其病病，是以不病。

第 72 章

　　民不畏威，則大威至。無狎其所居，無厭其所生。夫唯不厭，是以不厭。是以聖人自知不自見；自愛不自貴。故去彼取此。

第 73 章

　　勇於敢則殺，勇於不敢則活。此兩者，或利或害。天之所惡，孰知其故？是以聖人猶難之。天之道，不爭而善勝，不言而善應，不召而自來，繟然而善謀。天網恢恢，疏而不失。

第 74 章

　　民不畏死，奈何以死懼之？若使民常畏死，而為奇者，吾得執而殺之，孰敢？常有司殺者殺。夫代司殺者殺，是謂代大匠斲，夫代大匠斲者，希有不傷其手矣。

第 75 章

　　民之饑，以其上食稅之多，是以饑。民之難治，以其上之有為，是以難治。民之輕死，以其求生之厚，是以輕死。夫唯無以生為者，是賢於貴生。

第 76 章

人之生也柔弱，其死也堅強。萬物草木之生也柔脆，其死也枯槁。故堅強者死之徒，柔弱者生之徒。是以兵強則不勝，木強則兵。強大處下，柔弱處上。

第 77 章

天之道，其猶張弓與？高者抑之，下者舉之；有餘者損之，不足者補之。天之道，損有餘而補不足。人之道則不然，損不足以奉有餘。孰能有餘以奉天下，唯有道者。是以聖人為而不恃，功成而不處，其不欲見賢。

第 78 章

天下莫柔弱於水，而攻堅強者莫之能勝，以其無以易之。弱之勝強，柔之勝剛，天下莫不知莫能行。是以聖人云：「受國之垢，是謂社稷主；受國不祥，是為天下王。」正言若反。

第 79 章

和大怨，必有餘怨，安可以為善？是以聖人執左契，而不責於人。有德司契，無德司徹。天道無親，常與善人。

第 80 章

小國寡民。使有什伯之器而不用，使民重死而不遠徙。雖有舟輿，無所乘之，雖有甲兵，無所陳之。使人復結繩而用之，甘其食，美其服，安其居，樂其俗。鄰國相望，雞犬之聲相聞，民至老死，不相往來。

第 81 章

信言不美，美言不信。善者不辯，辯者不善。知者不博，博者不知。聖人不積，既以為人己愈有，既以與人己愈多。天之道，利而不害；聖人之道，為而不爭。

國家圖書館出版品預行編目資料

老子遇見 UFO / 王銘玉著 .
-- 初版 . -- 花蓮市：美崙磁學社，
民 104.12　　面；17 × 23 公分

ISBN：978-986-87757-2-5（平裝）
1. 老子 2. 道德經 3. 不明飛行物體 4. 研究考訂
300　　　　　　　　　　　104024892

LAO-TZU
&
UFO

作　　者　　王銘玉

主　　編　　王威智

副 主 編　　馬芬妹

校　　修　　王威智、馬芬妹、張有庸

出　　版　　美崙磁學社

地　　址　　970 花蓮市忠義三街 8 之 8 號

E - m a i l　　fmma.indigo@msa.hinet.net

美 術 設 計　　博印多商業設計工作室

地　　址　　40674 台中市北屯區崇德路 2 段
　　　　　　　317 號 21 樓之 1

印　　刷　　昱盛印刷事業有限公司

出 版 日 期　　中華民國 104 年 12 月（初版）

售　　價　　NT$ 250

I S B N　　978-986-87757-2-5（平裝）